高等职业教育智能制造领域人才培养系列教材

工业机器视觉技术应用

李峰　李文龙　陈栋　贺珍真　王东方　季远哲　编著

INTELLIGENT
CONTROL
TECHNOLOGY

U0240581

机械工业出版社
CHINA MACHINE PRESS

人类感知外部世界 80%以上信息由视觉感知单元获得，机器视觉则是模拟人类视觉功能来观察客观世界，实现制造过程的识别、检测、测量与定位，在工业生产中具有广泛的应用前景。本书分为基础认知篇、项目应用篇、知识拓展篇和实操训练篇四部分，共计七个模块，主要内容包括工业机器视觉整体认知、工业机器视觉硬件认知、工业机器视觉常用算法认知、工业机器视觉软件系统认知、实际研发项目开发应用、实际研发项目拓展应用以及实操训练。本书重点突出基础知识认知以及新技术、新工艺、新标准在企业工程实践中的应用，同时兼顾知识的基础性、系统性和前瞻性。

　　本书可作为各高等职业院校、职业本科院校和普通本科院校的机电一体化、电气自动化、智能制造、人工智能、机器人工程等相关专业机器视觉课程教材，也可作为考取国家新职业——工业视觉系统运维员（中级、高级、技师、高级技师）参考用书，还可供从事机器视觉技术研发与工程应用的技术人员使用。

　　本书配有电子课件、机器视觉相关软件安装包及全书电子插图等，凡使用本书作为教材的读者可登录机械工业出版社教育服务网 www.cmpedu.com，注册后免费下载。咨询电话：010-88379375。

图书在版编目（CIP）数据

工业机器视觉技术应用／李峰等编著.

北京：机械工业出版社，2024.6（2025.1 重印）. --（高等职业教育智能制造领域人才培养系列教材）. -- ISBN 978-7-111 -76004-7

Ⅰ. TP399

中国国家版本馆 CIP 数据核字第 202462RR70 号

机械工业出版社（北京市百万庄大街 22 号　邮政编码 100037）
策划编辑：薛　礼　　　　　　　　　　责任编辑：薛　礼　王莉娜
责任校对：张慧敏　张雨霏　景　飞　　封面设计：王　旭
责任印制：常天培
河北京平诚乾印刷有限公司印刷
2025 年 1 月第 1 版第 2 次印刷
184mm×260mm · 14.75 印张 · 365 千字
标准书号：ISBN 978-7-111-76004-7
定价：49.80 元

电话服务　　　　　　　　　　网络服务
客服电话：010-88361066　　　机 工 官 网：www.cmpbook.com
　　　　　010-88379833　　　机 工 官 博：weibo.com/cmp1952
　　　　　010-68326294　　　金 书 网：www.golden-book.com
封底无防伪标均为盗版　　机工教育服务网：www.cmpedu.com

前言 PREFACE

21世纪是信息的时代，更是智能感知、人机共融、和谐发展的时代。机器视觉作为智能感知的重要手段，为在线检测、过程控制、机器人定位等工业自动化提供了必备技术。人类感知外部世界80%以上信息由视觉感知单元获得，机器视觉则是模拟人类视觉功能来观察客观世界，实现制造过程的识别、检测、测量与定位，具有非接触、自动化、智能化等技术优势，在工业生产中具有广泛的应用前景。

机器视觉是获取信息、分析处理与操作执行的核心技术，相比人类肉眼，其在精确度、可重复性、操作成本与执行效率上具有明显优势。目前应用领域已涵盖电子制造、汽车制造、航空航天制造、机械加工、激光加工、印刷、食品、医药、农业、纺织等，成为推动各细分行业智能化发展的重要使能技术。近年来涌现出一大批机器视觉公司，国内有奥普特、海之晨、海康威视、商汤科技、大疆创新等，国际有日本Keyence、美国Cognex、德国Basler等。机器视觉技术已成为科技工作者与专业技术人员必须掌握的一门专业技术。

机器视觉是一门综合性学科，作为人工智能的重要分支之一，其基本内涵、核心算法与关键技术不断拓展。本书在学习、综合、借鉴已有机器视觉教材基础上，结合编著者多年的研究成果和工程实践经验，面向工业机器视觉创新人才培养需求撰写而成，重点突出基础知识识知以及新技术、新工艺、新标准在企业工程实践中的应用，同时兼顾知识的基础性、系统性和前瞻性。

本书以党的二十大精神为指引，全面落实立德树人根本任务，将职业素养养成教育与机器视觉技术学习相结合，以学生全面发展为目标，将"知识学习、技能提升、素质培养"与企业工程实践案例融为一体，着力培养适应工业机器视觉岗位的德、智、体、美、劳全面发展的高素质技术技能人才，助力中国式现代化建设。

本书分为基础认知篇、项目应用篇、知识拓展篇和实操训练篇四部分，共计七个模块。模块1介绍工业机器视觉整体认知，包括机器视觉定义、发展历程、系统构成认知，机器视觉应用场景和发展趋势认知；模块2介绍工业机器视觉硬件认知，包括2D工业相机、工业相机镜头、机器视觉光源和3D扫描仪认知；模块3介绍工业机器视觉常用算法认知，包括数字图像处理算法、三维点云处理算法、深度学习算法认知；模块4介绍工业机器视觉软件系统认知，包括Smart3

软件安装、软件功能认知；模块 5 介绍工业机器视觉在电子、半导体、汽车、新能源等领域实际研发项目的开发应用；模块 6 介绍工业机器视觉在航空制造、核电制造、汽车制造等领域实际研发项目的拓展应用；模块 7 撰写了典型实操训练题目，可用于读者结合本书内容进行工程实践。

本书的编写得到国家自然科学基金（52188102、52075203）和青岛西海岸新区高校校长基金（39100101）等项目资助，得到《工业视觉系统运维员国家职业标准（2023 年版）》主要起草单位青岛海之晨工业装备有限公司大力支持。本书中所涉及的企业工程实践案例由广东奥普特科技股份有限公司赵辉、张祐荣、张凤刚以及青岛海之晨工业装备有限公司辛绪彬、林芳芳、郭金鑫等多位现场工程师提供素材并给予编写建议，为本书定位为校企"双元"教材提供了全力支持，在此一并表示诚挚感谢。本书部分内容采用了编著者所在课题组近几年的研究成果，为此特别感谢共同完成相关研究成果的同仁们。

本书由青岛职业技术学院李峰、华中科技大学李文龙、青岛海之晨工业装备有限公司陈栋、广东奥普特科技股份有限公司贺珍真、华中科技大学王东方和季远哲共同编著，全书由李峰、李文龙完成统稿。模块 1 由李峰、李文龙撰写，模块 2 由李文龙、季远哲撰写，模块 3 由季远哲、李峰撰写，模块 4 由王东方、陈栋撰写，模块 5 由李峰、贺珍真撰写，模块 6 由李文龙、王东方撰写，模块 7 由陈栋、贺珍真撰写。在本书著写过程中，青岛职业技术学院高杉、高娟、邵世芬、范夕燕提供了部分案例资料，借此表示衷心感谢！

机器视觉是一门综合性的前沿学科，必将随着人工智能等新技术的发展而不断发展，涉及专业广、涵盖内容多。限于作者研究水平和教学经验，书中疏漏之处在所难免，恳请各位读者批评指正。

编著者

二维码索引

（续）

名称	二维码	页码	名称	二维码	页码
汽车零部件矩形支架定位与测量项目工件源图及应用程序		155	核电叶片视觉定位与机器人磨削项目演示视频		187
航空发动机叶片气膜孔机器人视觉检测项目演示视频		166	核电燃料组件变形视觉检测项目演示视频		194
航空发动机叶片机器人三维视觉检测项目演示视频		173	汽车发动机曲轴轮廓测量建模项目演示视频		206
航空发动机叶片机器人三维视觉检测项目点云数据		175	汽车发动机曲轴轮廓测量建模项目曲轴点云数据		207
航空蒙皮视觉定位与机器人铣削加工项目演示视频		182			

目录 CONTENTS

知识拓展篇

模块 6　知识拓展项目开发与应用 ················ **164**

实操训练篇

基础认知篇

模块 1
PROJECT 1
工业机器视觉整体认知

【知识目标】

1. 了解机器视觉的定义及主要发展历程。
2. 了解机器视觉的系统构成及各部分作用。
3. 了解机器视觉在工业生产场景中的典型应用。
4. 了解机器视觉未来的发展趋势。

【技能目标】

能够结合工业现场实际需求，对机器视觉检测整体方案具备基础认知和理解能力。

【素养目标】

1. 在对机器视觉技术整体认知及各行业典型应用的基础上，树立实业兴邦、科技报国的理想信念。
2. 培养良好的安全意识和一定的创新思维能力。
3. 在与实际工业生产相一致的职业氛围中培养良好的职业道德、科学的工作方法及团队协作精神。

项目 1.1　机器视觉认知

1.1.1　机器视觉定义

在人类获得的外界信息中，80%以上的信息是通过视觉感知单元获取的。基于获取的环境信息，人脑进行分析决策并决定下一步进行的动作。随着工业技术的不断进步，如何让机械能够像人类一样获取外部环境的信息，指导执行机构完成相应的动作，已成为机械领域的研究热点。

如图 1-1 所示，机器视觉是一门新兴的交叉学科，涉及光学、数字图像处理、计算机图形学、模式识别、机器学习、人工智能以及机器人等诸多领域。由于机器视觉涉及领域广，其目前还没有一个统一的定义。美国制造工程师协会（Society of Manufacturing Engineers，SME）机器视觉分会和美国机器人工业协会（Robotic Industries Association，RIA）自动化视觉分会对机器视觉的定义为："机器视觉是研究如何通过光学装置和非接触式传感器自动地接收、处理真实场景的图像，以获得所需信息或者用于控制机器人运动的学科。"2021 年，中国电子技术标准化研究院发布的《机器视觉发展白皮书》中对机器视觉的定义是："机器视觉系统是集光学、机械、电子、计算和软件等技术为一体的工业应用系统，它通过对电磁辐射的时空模式进行探测及感知，可以自动获取一幅或多幅目标物体图像，对所获取图像的各种特征量进行处理、分析和测量，根据测量结果做出定性分析和定量解释，从而得到有关目标物体的某种认识并作出相应决策，执行可直接创造经济价值或社会价值的功能活动。"简单来说，机器视觉是用机器代替人眼，模拟人眼进行图像采集，从图像中提取信息，最终实现识别、定位和检测等功能或引导执行机构完成相应动作。

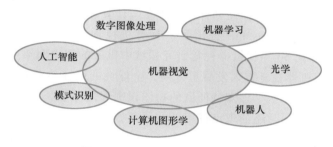

图 1-1 机器视觉的学科交叉类别

工业机器视觉是机器视觉在工业领域的应用。在现代自动化生产过程中，机器视觉系统从早期的电子装配缺陷检测领域，已逐步应用到半导体、汽车、航空航天等多个领域。表 1-1 对机器视觉与人眼视觉进行了对比，可以看出机器视觉能够在一些不适合人工工作的危险环境或者人工视觉难以满足精度要求的场合中发挥着重要作用。另外，在大批量工业生产制造过程中，引入机器视觉检测能够显著提高生产的自动化程度和生产率，因此工业机器视觉已成为实现智能制造的关键技术之一。

表 1-1 机器视觉与人眼视觉对比

对比项	机器视觉	人眼视觉
灰度分辨率	强，一般使用 256 灰度级	弱，一般只能分辨 64 个灰度级
空间分辨率	通过配备不同光学镜头，可以观测小到 μm 级大到天体的目标	弱，不能观看微小的目标
感光范围	从紫外线到红外线的较宽光谱范围，另外有 X 光等特殊摄像机	380~780nm 波长范围的可见光
速度	快门时间可达到 10μs 左右，高速相机帧率可达到 1000 以上	无法看清楚快速运动的目标
环境	适合恶劣、危险的环境	不适合恶劣和危险的环境
成本	一次性投入，成本不断降低	人力成本不断升高

1.1.2 机器视觉发展历程

机器视觉作为发展迅速的新兴行业，已经成为工业自动化领域的核心技术之一，下面介绍机器视觉技术在国内外的发展现状。

1. 国外机器视觉发展历程

国外的机器视觉技术最早可以追溯到 20 世纪 50 年代。在太空计划的推动下，人们开始研究数字图像处理技术的应用，其重要标志是 1964 年美国喷气推进实验室（Jet Propulsion Laboratory，JPL）正式使用数字计算机对"徘徊者 7 号"传回的月球图片进行处理。20 世纪 60 年代，美国学者 Larry Roberts 通过计算机程序从数字图像中提取出立方体、楔形体和棱柱体等多面体的三维结构，并对物体形状和物体空间关系进行了描述，开创了以理解三维场景为目的的三维机器视觉研究。

20 世纪 70 年代，麻省理工学院人工智能实验室正式开设"机器视觉"课程。同阶段，美国贝尔实验室成功研制出 CCD（Charge Coupled Device，感光耦合组件）图像传感器，能够直接把图像转换为数字信号并存储到计算机中参与计算和分析，成为机器视觉发展历程中的重要转折点。1973 年，David Marr 提出了"计算机视觉理论"，即著名的"Marr 视觉理论"，该理论成为 20 世纪 80 年代机器视觉研究领域中重要的理论框架。

20 世纪 80 年代，机器视觉进入发展上升期，全球性的研究热潮兴起，机器视觉获得了蓬勃发展。这一时期出现了基于感知特征群的物体识别理论框架、主动视觉理论框架以及视觉集成理论框架等概念，同时还涌现出许多新的研究方法和理论，新的理论和方法对二维图像的处理、对三维图像的模型和算法研究都有极大的帮助。在此期间出现了首批机器视觉企业，如加拿大的 DALSA、美国的柯达、英国的 E2V 等 CCD 传感器与工业相机公司以及美国康耐视等具有代表性的软件算法公司。

20 世纪 90 年代，由于工业应用需求的不断发展，机器视觉技术逐渐走向成熟，并应用于工业生产。进入 21 世纪后，机器视觉技术开始大规模地应用于多个领域。随着计算机技术的不断发展，人工智能技术开始广泛应用于视觉图像处理中。在深度学习算法出现之前，针对图像处理的算法主要包括 5 个步骤：特征设计与感知、图像预处理、特征提取、特征筛选、推理预测与识别。传统的图像处理算法依赖于图像特征，图像特征设计严重依赖于人工经验和对场景数据的熟悉程度，同时设计的图像特征还需要与合适的分类器进行搭配使用，使用要求较高。于是，研究人员开始着手研究无须手动设计特征，不挑选分类器的机器视觉系统，期望机器视觉系统能自动学习特征信息，并基于特征信息进行分类。卷积神经网络（Convolutional Neural Networks，CNN）的出现使该设想得以实现，基于深度学习的机器视觉研究开始迅速发展。

经过多年的研究和发展，国外诞生了许多著名的机器视觉品牌，如图 1-2 所示。工业相机主要有德国的 Basler、加拿大的 DALSA、丹麦的 JAI 等；工业镜头主要有德国的 Sill、韩国的 SPO、日本的 Computar 等；光源供应主要有日本的 CCS、德国的 Zeiss、法国的 Schneider 等；工业视觉软件主要有德国的 Halcon、美国的 Cognex、加拿大的 Sherlock 等；工业 3D 扫描仪主要有日本的 Keyence、加拿大的 LMI、美国的 Cognex 等。

图1-2　国外机器视觉著名品牌

2. 国内机器视觉的发展历程

相较于欧美发达国家，国内机器视觉产业起步较晚，发展历程可分为以下4个阶段：

1）1995年~1997年，在国外技术发展的引领下，我国机器视觉进入了萌芽期，开始在航空、航天等重要场景得到应用。此时，由于算法及成像技术尚不成熟，国外机器视觉产业能力处于成长波动期，国内一些企业作为国外代理商提供机器视觉器件及技术服务。

2）1998年~2002年，在应用和算法双重驱动下，国内机器视觉进入了起步期。此时，CPU（Central Processing Unit，中央处理器）性能提升，PC-Base系统可以解决一般的视觉检测问题。随着电子和半导体产业的发展，带有机器视觉的整套生产线和设备被引入中国，国内一些厂商和制造商也希望发展自己的视觉检测设备。原始设备制造商（Original Equipment Manufacturer，OEM）也需要来自外部的技术开发支持，一些自动化公司成为国际机器视觉供应商的代理商和系统集成商。在此阶段，许多著名视觉设备供应商（如美国的Cognex、德国的Basler、美国的Data Translation、日本的SONY等）开始接触中国市场并寻求合作。

3）2003年~2012年，这是国内机器视觉发展的初期阶段。以苹果手机加工制造为核心的3C电子制造产业进入高精度时代，迫切需要用机器替代人来保障产品加工精度和质量的一致性。苹果手机加工制造的应用需求直接推动了我国机器视觉产业进入发展初期。2010年后，手机产业的飞速发展带来整个3C电子制造业的变革，扩展了机器视觉的应用场景，加速了机器视觉产业的发展。经过几年的发展，机器视觉技术不仅在半导体、电子行业有了更广泛的应用，还应用于汽车、包装、农产品、印刷及焊接等行业。

4）2013年至今，国内机器视觉进入高速发展期。相关部门先后出台了促进智能制造、智能机器人视觉系统以及智能检测发展的政策文件。在相关政策的扶持和引导下，国内机器视觉行业市场规模快速扩大，出现了许多具有代表性的机器视觉公司，如青岛海之晨工业装备有限公司、广东奥普特科技股份有限公司、杭州海康机器人股份有限公司、北京大恒图像视觉有限公司、北京阿丘科技有限公司、浙江华睿科技股份有限公司等，如图1-3所示。但在基础硬件层面，如图像传感器芯片、高端镜头等仍主要依赖进口，国内企业主要以产品代理、系统集成为主要业务。

图 1-3　国内机器视觉代表性公司

1.1.3　机器视觉系统构成

机器视觉系统通过图像采集装置将被拍摄的对象或者研究目标转换成图像信息，采集的图像经过专用的图像处理系统分析，得到被拍摄的对象或者研究目标的特征，并根据分析的结果来控制现场的设备动作。图 1-4 所示为一个典型的机器视觉系统工作流程。一般来说，机器视觉系统主要包括以下几个部分：

1）光学照明与成像。完成图像数字信号获取，由光学成像系统（光源和镜头等）映射图像，经过相机图像传感完成光电模拟信号到数字图像信号的转换。

2）图像采集与传输。完成图像采集，将光学图像数据传入计算机存储器。

3）数据图像处理和分析。运用不同的算法对图像进行处理，提取有效信息并进行分析和判断。

4）信息决策与执行。依据数据处理和分析的结果，输出相应的结果和动作控制指令。

光源、镜头和相机共同构成了机器视觉系统的成像模块，其中光源用于为场景提供合适的照明，镜头形成高质量的光学图像，相机完成光电信号的转换。线缆完成图像电信号的传输（有些系统可能采用无线传输），采集卡完成图像由模拟信号到数字信号的转化或格式变换，得到数字图像或视频，由软件完成图像处理、信息分析与提取以及判断决策等功能，相关的判断和决策将进一步控制机电机构执行相关动作。

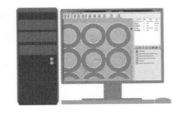

物体　　采集系统　　图像　　处理系统　　信息　　动作执行系统

机器视觉系统工作流程

图 1-4　机器视觉系统工作流程图

项目1.2　机器视觉应用场景认知

1.2.1　机器视觉典型应用

机器视觉通过利用图像处理和分析技术来模拟人类视觉功能，广泛应用于工业生产中的各个场景。如图 1-5 所示，机器视觉的工业应用主要可以归纳为 4 类，分别是识别、检测、测量以及定位。

a) 识别　　　　　　b) 检测　　　　　　c) 测量　　　　　　d) 定位

图 1-5　机器视觉工业应用分类

（1）识别　图像识别利用机器视觉技术中的图像处理、分析功能，准确识别出预先设定的目标或者物体的模型。如图 1-6 所示，在工业领域中，图像识别主要应用于二维码识别和数字字符识别等。图像识别过程通常包含以下几个阶段：信息获取、预处理、特征提取、分类器设计和分类决策。

a) 二维码识别　　　　　b) 数字字符识别

图 1-6　图像识别应用场景

1）信息获取。信息获取是指通过图像传感器，将被检测物体表面的反射光转化为图像信息。

2）预处理。预处理作为所有视觉算法的第一步，其目的是消除图像中无关的信息，恢复有用的真实信息。通过图像的预处理，能够在一定程度上简化数据，提高后续图像处理算法中的特征提取、图像分割等算法的有效性。常见的预处理包括图像处理中的去噪、平滑和变换等操作。

3）特征提取。特征提取是从图像中提取出能够代表该图像的特有性质。由于所研究的图像是各式各样的，因此需要通过图像自身的特征来对其进行区分与识别，而获取这些特征的过程就是特征提取。所提取的特征并不一定对此次识别都是有用的，选择合适的特征对于图像识别至关重要。特征提取的准则是使用尽可能少的特征，使分类的误差尽可能小。

4）分类器设计和分类决策。分类器设计是指通过训练而得到一种识别规则，能够对输入图像具有的不同特征有不同响应。分类决策是指分类器将不同特征的图像归为不同的类别。

（2）检测　视觉检测是机器视觉技术在工业生产中最重要的应用之一，占据约60%以上的机器视觉应用场景。自动化生产涉及各种各样的质量检测，如工件表面是否存在划痕、裂纹和孔洞等常见的表面缺陷，以及工件是否装反、装错和漏装等。图1-7所示为一些常见的视觉检测应用场景。

a) 手机芯片缺陷检测

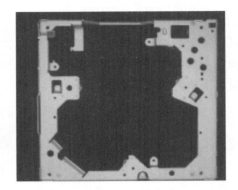

b) 钣金外观检测

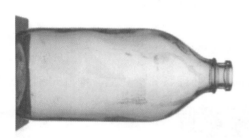

c) 医药瓶表面缺陷检测

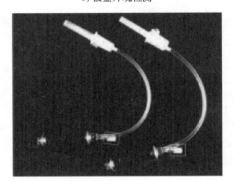

d) 输液管后盖有无检测

图 1-7　常见的视觉检测应用场景

（3）测量　传统的测量方式是通过人工操作卡尺或千分尺等量具对待检测零件的某一尺寸进行检测分析，人工测量过程耗时长、检测效率低，难以满足自动化生产的大批量零件检测需求。机器视觉测量技术通过非接触式的测量方法，完成图像数据的采集，并通过专用的数据分析系统，输出所需的待检测参数结果。相较于人工检测方式，机器视觉测量技术的测量范围更广、检测精度更高、检测速度更快，因此在工业领域有着越来越多的应用。图1-8所示为一些常见的视觉测量应用场景。使用机器视觉测量的参数包括距离、角度、面积、长度、圆孔直径、弧度、产品厚度及高度差值等。

（4）定位　如图1-9所示，在工业生产现场存在大量的转运、抓取等工作，此类工作需要先准确定位工件的位置，然后引导执行机构完成相应的操作。视觉定位是指基于采集的图像对零件位置进行识别，通常执行机构为工业机器人。工业机器人已经在焊接、搬运以及装配等作业场景中得到广泛使用，对于机器人而言，只需要重复执行程序即可。在程序执行

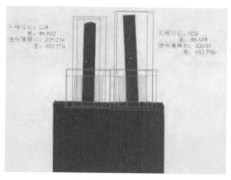

a) 电池极耳尺寸测量

b) 硅棒端面尺寸测量

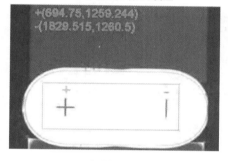

c) 按键字符位置测量

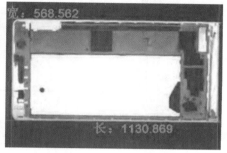

d) 手机壳尺寸测量

图 1-8　常见的视觉测量应用场景

前，机器人需要先确定零件的位置，通过机器视觉采集的二维或者三维信息，能够引导机器人执行相应的操作。

针对机器视觉的典型应用场景，许多机器视觉相关企业开发了相应的软件。如广东奥普特科技股份有限公司研发了 SciVisin 视觉开发包，并开发了 Smart3 软件，该软件具备测量、检测、识别和定位等功能模块，同时还融合了深度学习算法，用于缺陷检测、目标定位识别以及图像分类等多个应用场景，为机器视觉的工程化应用提供了有效的解决手段。图 1-10 所示为 Smart3 软件使用界面。

图 1-9　视觉定位与机器人抓取

1.2.2　机器视觉行业应用

机器视觉系统具有高精度、非接触测量以及可长时间稳定工作等优点，在工业领域被广泛应用，极大地提高了生产线自动化程度。目前，机器视觉在电子制造、汽车制造和航空航天等行业有着广泛应用。

流程图、子流程、自定义界面设计

算子块属性/图像窗口

工具箱

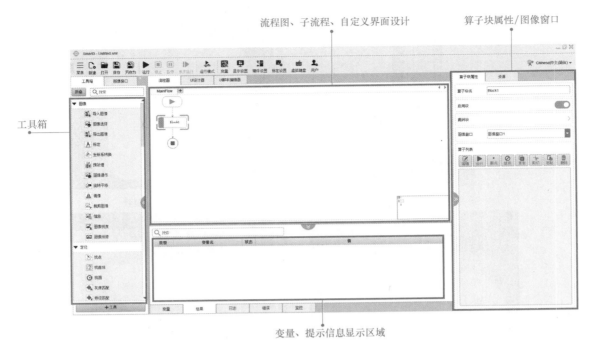

变量、提示信息显示区域

图 1-10 Smart3 软件使用界面

1. 电子制造行业

电子制造行业的快速发展给机器视觉带来了巨大的机遇和挑战。机器视觉技术不断地渗透到电子制造行业产业链的各个环节，从电子产品的设计、制造到产品质检、复检和包装等，都给电子制造行业的发展注入了新的活力。随着消费电子产品越来越精密化，在其元器件尺寸越来越小的同时，质量标准也在同步提高。

表面贴焊（装）技术（Surface Mounted Technology，SMT）目前普遍应用于电子组装行业，机器视觉主要用于 SMT 生产线上的定位与质量检验，包括印刷机中的钢网与 PCB（Printed Circuit Board，印制电路板）对位、锡膏 3D 扫描等。图 1-11 所示为几种常见的 PCB 组装缺陷。机器视觉在电子行业的常见检测内容包括点胶检测、元件正负极判断、元件组装定位以及 PCB 板焊锡复检（虚焊、多锡、少锡）等。

a) 虚焊

b) 元件侧立

图 1-11 几种常见的 PCB 组装缺陷

c) 元件偏移　　　　　　　　　　　　　　d) 元件错位

图 1-11　几种常见的 PCB 组装缺陷（续）

（1）半导体行业　半导体行业是工业机器视觉应用较为成熟的领域，早在 20 世纪 80 年代人们便开始研究机器视觉在半导体检测领域的应用。机器视觉从早期的字符和引脚的检测逐渐转向封装后半导体的缺陷检测，半导体器件精度的提高是促使机器视觉在半导体行业广泛应用的主要原因，传统的半导体封装检测设备精度普遍要达到微米到亚微米之间，速度大约在 $40 \sim 50 cm^2/s$，误报率要求控制在 5% ~ 10%，人工检测难以发挥作用。图 1-12 所示为半导体制备过程中的视觉检测流水线。

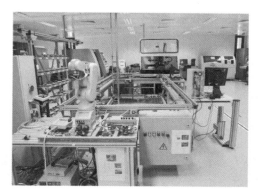
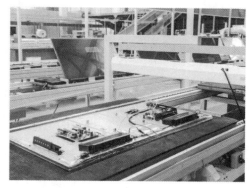

图 1-12　半导体制备过程中的视觉检测流水线

图 1-13 所示为一些常见的半导体缺陷检测，工业生产现场检测内容主要包括外观缺陷、尺寸大小、数量、距离、定位、校准和焊点质量等，尤其是芯片制作中的检测、定位、切割和封装，它们都需要工业机器视觉来完成。以芯片切割工艺为例，为了满足芯片的生产节拍，同时保证芯片切割精度，对机器视觉的定位速度、定位精度有着严格要求，芯片被切割完成后由机器视觉识别出非缺陷产品进入后续贴片流程。

（2）光伏储能行业　光伏储能就是将太阳能转化为电能并进行存储的过程。由于光伏储能具有发电效率高、成本低、节能减排的优点，在国家政策的扶持下，光伏产业近年来得到了迅速发展。太阳能电池板作为光伏发电技术的载体，制备工艺流程繁琐，制造过程中存在各种人眼无法观察到的内部缺陷和表面缺陷，直接影响光伏电池片的光电转化效率和使用寿命，目前普遍采用机器视觉方法进行缺陷检测。

完成一块太阳能电池板的生产需要经历多个环节，包括选片、划片、串焊、焊接线接

a) IC(Integrated Circuit，集成电路)芯片表面多胶检测

b) 硅片表面缺陷检测

c) 硅棒断面尺寸检测

d) LED(Light Emitting Diode，发光二极管)表面缺陷检测

图 1-13　常见的半导体缺陷检测应用场景

线、高压测试和外观检测等。生产的电池片需要进行电池缺陷检查、丝网印刷定位、激光边线隔离、电池方向检测、正面印刷定位、背面印刷定位与检查以及电池颜色分选等，太阳能整板要进行电池片间隔、连接器检查、基线定位与检查、框架检查以及面板组装验证等。图 1-14 所示为使用机器视觉进行太阳能电池片外观检测的场景，可以精确进行电池片崩边、缺角、脱落、主栅缺失等检测。在单个电池片经装配形成完整太阳能板的过程中，可使用机器视觉引导机械手进行准确定位，在相邻光伏电池片上快速、自动地实现绝缘片的放置。

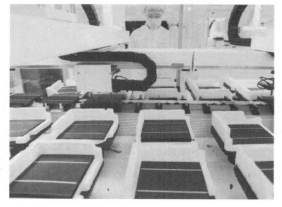

图 1-14　太阳能电池片外观检测

2. 汽车行业

如今的汽车行业已实现高度自动化，机器视觉贯穿整个汽车制造过程，从初始原料质检到汽车零部件 100% 在线测量，再对焊接、涂胶和冲孔等工艺过程进行把控，最后对车身总成、整车质量进行把控。

汽车白车身是整车零部件的载体，涉及汽车冲压、焊接和总装等多个复杂流程，为了保证车门、车盖等零部件顺利装配，白车身在制造完成后需要对其三维轮廓进行检测。如图1-15所示，白车身整体尺寸大，需要检测的部位较多，使用机器人末端安装的三维扫描仪采集汽车白车身整车点云，主要用于车身测量、匹配分析及轮廓检测，已成为白车身制造质量控制的有效方式。

在汽车行业中，涂胶是十分关键的工艺，涉及底盘、车身、风窗玻璃等多个部位。机器视觉技术在汽车涂胶中的应用主要体现在引导机器人涂胶和涂胶检测两个方面。如图1-16所示，在视觉引导机器人涂胶中，机器视觉系统可以通过相机拍摄的图像和图像处理算法准确定位待涂胶的位置，在涂胶前对其进行精准测量和定位，可避免因位置偏移等原因导致涂胶不均匀或遗漏。在涂胶过程中，机器视觉技术可以通过高分辨率相机和图像处理算法实时监测涂胶的均匀程度、厚度和缺陷等。

图1-15　汽车白车身机器人视觉检测

图1-16　视觉引导机器人涂胶

汽车零部件机器人自动化焊接与视觉引导的机器人涂胶过程相似，区别在于机器人末端使用的工具以及工艺参数。在汽车零部件焊接中，为了定位焊缝所在的位置，需要使用视觉技术帮助机器人实现自主定位、引导和校正焊接轨迹等操作，提高焊接质量和效率，如图1-17所示。

在汽车生产线上，机器人替代人工完成重复性的上下料等工作十分常见，通过三维扫描方式获取工件的摆放位置，规划机器人无碰撞移动路径和抓取姿态，可以实现零部件智能抓取，如图1-18所示。

图1-17　汽车零部件机器人自动化焊接

图1-18　汽车钣金件智能抓取

3. 航空航天行业

随着视觉测量技术的不断发展和测量精度的不断提高，视觉测量也被逐渐应用于航空航天零部件的外观检测和尺寸分析，以及引导航空航天零部件加工或者装配。

目前，航空发动机（图1-19）的装配主要以手工为主，人工装配过程中易出现外部零部件错装、漏装的情况，给发动机带来重大安全隐患。通过采集航空发动机图像，并对采集到的图像进行图像预处理，与标准模板进行配准、图像分割及差异区域筛选等步骤，可以快速实现装配后的发动机错漏装检测；除了错漏装检测，为了保证零件在复杂环境中的性能，通常会对航空航天零部件表面进行热处理或者进行特殊材料涂层，经过处理后的零部件表面如果存在划痕，难以满足零件的使用要求，而通过机器视觉采集图像可以实现航空航天零部件表面划痕缺陷的快速识别。

图1-19　装配完成后的航空发动机

如图1-20所示，传统的航空航天零部件使用三坐标进行尺寸检测，三坐标检测方式需要接触待测目标、测点数量少、测量效率低，难以满足日益增长的零部件高效检测要求。光学三维扫描方式具有测量效率高、可实现在位在线测量、能够测量复杂曲面结构等技术优势，已开始在航空发动机叶片、航空机匣和航空垂尾等大型复杂构件尺寸检测与轮廓分析中得到应用，成为替代三坐标检测的重要方式之一。

a) 航空发动机叶片三坐标测量

b) 航空发动机叶片光学三维测量

图1-20　航空发动机叶片三坐标测量与光学三维测量

相机作为提供外部环境图像信息的重要部件，在各种航空航天装备中得到普遍应用。例如，用于开展火星探测的祝融号火星车上配备了导航与地形相机（图1-21）与多光谱相机

（图1-22），其中导航与地形相机为火星车导航提供眼睛，多光谱相机用于拍摄固定波段下的图像，不同成分物体形成的光谱图像差异明显，可以用来获取视野范围内矿物成分的空间分布。

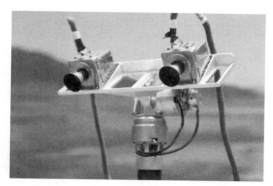

图1-21　祝融号火星车导航与地形相机

图1-22　祝融号火星车多光谱相机

4. 其他行业

（1）机械加工　机械加工行业存在零件外形尺寸测量、装配后位置度检测、表面划痕和异物检测等需求，传统的尺寸位置检测主要依靠人工用卡尺、样板等量具完成，表面划痕和异物检测主要依赖人工用肉眼进行观察。这些检测方式人因误差大，容易产生错检、漏检等问题。机器视觉作为一种新的检测方法可应用于机械加工行业，能够提高零部件的检测效率和检测精度，同时作为一种非接触检测方式能够减少对工件表面的损伤，提升工件检测的安全性。图1-23所示为对机械加工后零件外形尺寸进行检测的案例，图1-24所示为对加工件压伤、焊偏、少焊、脏污等缺陷进行检测的案例。

图1-23　加工件外形尺寸检测

图1-24　加工件压伤、焊偏、少焊、脏污等缺陷检测

（2）印刷　印刷行业是机器视觉常见的应用行业之一。国外方面，作为印刷技术发展强国的德国和日本，拥有海德堡、曼罗兰和小森等世界知名品牌印刷机，其在印刷检测方面开发了较为成熟的检测系统，已经被广泛应用于实际的印刷生产环节。国内方面，机器视觉技术在印刷行业应用较晚，基本上从20世纪90年代才逐步兴起，目前应用较为成熟的企业有北京凌云光技术股份有限公司、北京大恒图像视觉有限公司和洛阳圣瑞机电技术有限公司等。北京凌云光技术股份有限公司专门开发了针对印刷检测的表面检测系统，包含软包装质

量检测、标签检测及单张彩盒检测三大类产品；北京大恒图像视觉有限公司研发的产品主要集中在相机和成像系统方面，由其开发的 MER2-G-P 系列面阵相机可用于钞票等高端产品的精细化检测。洛阳圣瑞机电技术有限公司研发了多款印刷品在线检测系统，最高速度可达 150m/min。

　　机器视觉系统能够迅速准确地检测出印刷品中的各类缺陷，提高产品质量和生产效率，降低生产成本。被检测的印刷品形式多样，从印刷材质方面可分为纸质、塑料和金属钢板等，从印刷形式方面可分为卷曲材料和单张产品。图 1-25 所示为一些印刷行业常见的检测内容，包括材质的缺陷检测（如孔洞、异物等）、印刷缺陷检测（如飞墨、刀丝、蹭版和套印不准等）以及颜色缺陷检测（如浅印、偏色和露白等）。

a) 标签印刷不良检测

b) 啤酒瓶盖表面检测

c) 日化用品外标签检测

d) 键盘字符识别

图 1-25　印刷行业常见的机器视觉检测应用

　　（3）食品　在食品、饮料的高速生产线上，人工肉眼检测已不能满足企业对于食品质量的检测要求，机器视觉的应用提高了食品饮料行业的检测技术水平。机器视觉在食品饮料行业常见的检测内容包括瓶口破损、瓶底异物检测、瓶子计数、饮料灌装定位、灌装液位检测、灌装后异物检测、标签位置及喷码识别等。图 1-26 和图 1-27 所示分别为机器视觉应用于瓶口缺陷检测和瓶口喷码识别的图像处理示例。

a) 正常瓶口　　　　　　　b) 瓶口崩坏

图 1-26　机器视觉应用于瓶口缺陷检测　　　　　图 1-27　机器视觉应用于瓶口喷码识别

（4）医药　机器视觉技术在医药行业的广泛应用为其赢得了更加广阔的市场空间。图 1-28 所示为一些常见的检测内容，主要包括液体制剂的灌装定位、尺寸不合格的胶囊检测、瓶体内杂质及封盖检测、胶囊脏污检测、医药产品外包装的条码检测、外包装外观检测以及外包装纸箱的满箱检测等。

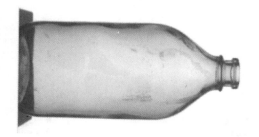

a) 医药瓶表面缺陷检测　　　　　　　　　　b) 瓶口缺陷检测

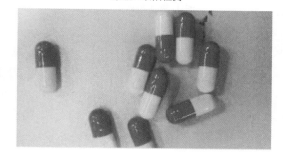

c) 口服液瓶盖检测　　　　　　　　　　d) 胶囊轮廓检测

图 1-28　医药领域常见的机器视觉检测场景

（5）农业　机器视觉技术也被广泛应用到农业的现代化生产中，通过机器视觉技术可实现对瓜果蔬菜质量的无损检测，并按其外表形状、颜色以及是否存在缺陷进行好果与坏果的分类；也可实现对大米、小麦以及其他谷物的种类辨识，并根据谷物的尺寸进行等级分类，图 1-29 所示为通过机器视觉检测大豆包络直径的案例。

（6）纺织　传统纺织行业也存在大量机器视觉的应用场景，例如，布匹制造过程中表

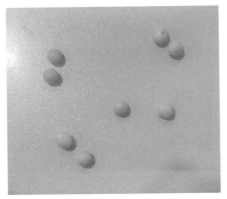 

图 1-29　机器视觉检测大豆的包络直径

面容易掺入杂质，影响布匹的品质。通过引入机器视觉检测技术对布匹表面进行检测，可快速高效地检测出布匹的颜色和存在的杂质，检测合格率能够达到 100%。图 1-30 所示为布匹颜色的检测，图 1-31 所示为布匹表面杂质缺陷的检测。

 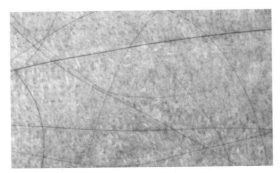

图 1-30　布匹颜色的检测　　　　　　图 1-31　布匹表面杂质缺陷的检测

项目1.3　机器视觉发展趋势认知

随着工业技术的不断发展，机器视觉与机器人、图像处理等技术相结合，使机器视觉在半导体、汽车制造和航空航天等领域发挥出更加重要的作用，同时也呈现出一些新的发展趋势。

1.3.1　3D 视觉技术

在工业实际应用中，常用的 3D 扫描设备主要为线扫描式和面结构光式，两种扫描方式采用不同的成像原理，在成像速度和精度上有所差异。下面对线扫描式和面结构光式测量技术进行简要介绍。

线激光扫描成像原理如图 1-32 所示。在测量过程中，线激光器向被测物体投射线激光，由工业相机采集激光条纹在被测物体表面的图像，并通过激光条纹中心线提取（图1-33）算法，求解激光条纹中心线二维像素点坐标所对应的三维空间点坐标。为了保证扫描的精度，线激光传感器在使用前需要进行相机标定。相机标定主要是指对工业相机与镜头所构成的成像系统的内参数矩阵（从相机坐标系到图像坐标系的转换关系）、外参数矩阵（从世界坐标系到相机坐标系的转换关系）和畸变系数进行标定。工业相机标定最常用的方法是张正友标定法，主要原理是：用待标定相机从不同角度拍摄棋盘格标

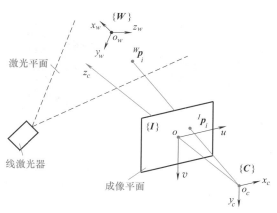

图1-32　线激光扫描成像原理图

定板，根据像素信息计算内参矩阵和矫正镜头畸变。激光条纹中心线提取是线激光扫描的另一关键技术，条纹提取精度对三维坐标点计算精度（测量精度）影响很大，其核心是根据图像中激光条纹灰度分布精确提取中心线，常见的条纹中心线提取方法包括灰度重心法、Hessian矩阵法和边缘提取法等。

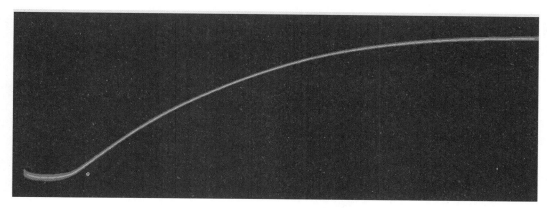

图1-33　激光条纹中心线提取结果

　　目前线激光测量传感器厂商主要有Keyence、Cognex和LMI等公司，根据应用需求不同，可选择不同规格的传感器。Keyence LJ-V/LJ-G系列是由日本的Keyence公司开发的高精度线激光测量传感器，其中LJ-V系列采用蓝紫色线激光作为光源，LJ-G系列采用红色线激光作为光源，可用于漫反射工件表面测量，部分型号可用于镜面反射工件表面测量，图1-34a所示为LJ-V7300线激光测量传感器。Cognex DS系列是由美国的Cognex公司开发的工业线激光测量传感器，主要型号有DS1050/1101/1300，均采用红色线激光光源，主要用于漫反射工件表面测量，图1-34b所示为Cognex DS1000线激光测量传感器。LMI Gocator系列是由加拿大的LMI公司开发的线激光测量传感器，主要用于漫反射工件表面的测量，部分型号可用于镜面反射表面或透明材质的测量，采用蓝紫色或红色线激光光源，图1-34c所示为LMI Gocator 23xx线激光测量传感器。

　　目前，工业常用的面结构光式扫描仪多采用相位移法，通过光栅投射装置向被测物体投

a) Keyence LJ-V7300

b) Cognex DS1000

c) LMI Gocator 23xx

图 1-34　常见的线激光测量传感器

射多幅相移光栅图像，由工业相机同步拍摄经被测物体表面调制而变形的光栅图像，然后通过相位计算、对应点匹配和三维重建等过程从光栅图像中计算出被测物体的三维测点数据。相位移法通过采集多帧有一定相移的光栅条纹来计算包含有被测物体表面三维信息的相位初值，采用多频外差原理对相位展开得到连续的绝对相位值。计算出每个像素绝对相位值后，再根据极线几何约束建立图像间的匹配关系。

　　基于上述原理，华中科技大学团队开发出 PowerScan 系列国产三维面阵扫描仪产品，包括高效率型三维扫描仪（图 1-35a）和高精度型三维扫描仪（图 1-35b），其测量精度可以达到 ±0.01mm（参考德国 VDI/VDE 标准），可广泛应用于航空复杂构件、汽车零部件等精密光学测量。

a) 高效率型三维扫描仪

b) 高精度型三维扫描仪

图 1-35　PowerScan 系列国产三维面阵扫描仪

　　德国的 GOM 公司开发的 ATOS 系列三维扫描设备是目前工业测量领域常用的相位移面阵测量设备之一。如图 1-36～图 1-38 所示，ATOS 系列传感器包括 ATOS Q、ATOS 5 系列以及精度更高的 ATOS 5 for Airfoil 等。同时 GOM 公司还开发了自动化的扫描装备，包括 GOM ScanCobot、GOM Scan-Box 系列。现场测量时可根据高分辨率或高测量速度应用需求选择合适的型号，其扫描仪单次测量精度最高可达 ±0.008mm（参考德国 VDI/VDE 标准），可满足航空航天领域高精度检测需求，同时可与机器人集成实现自动化三维测量。

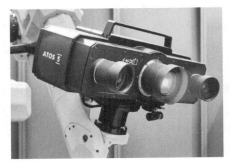

图 1-36　ATOS 5 扫描传感器

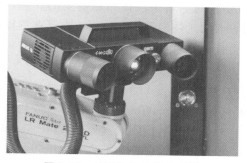

图 1-37　ATOS Q 扫描传感器

图 1-38　GOM ScanBox 扫描装备

三维视觉测量技术由于具有分辨率高、采集数据快、全场测量、低成本和高精度等优点，已广泛应用于航空航天、汽车工业和核电运维等领域，未来三维视觉测量技术将有更进一步的发展。

1.3.2　嵌入式机器视觉

目前的机器视觉系统主要分为两种，一种基于通用计算机（图 1-39）完成处理和运算，另一种基于嵌入式框架（图 1-40）完成处理和运算。随着现代化工业中检测方法逐渐应用于复杂对象，检测的实时性要求也不断提高，嵌入式视觉系统具有功耗低、尺寸小、数据本地计算等技术优势，开发小型化、集成化嵌入式机器视觉产品已成为机器视觉领域未来发展的重要方向。

图 1-39　基于通用计算机的机器视觉系统

图 1-40　嵌入式框架机器视觉系统

传统机器视觉与嵌入式机器视觉在硬件构成、软件实现、应用场景和算法优化上各有优劣。硬件构成上，嵌入式机器视觉通常是在资源有限的平台上进行工作，如智能手机、无人机等，通常这些平台的计算能力、存储空间和功耗要求等受限；而传统机器视觉则通常在计算能力较强的服务器或工作站上工作。在软件实现上，嵌入式机器视觉算法需要考虑内存占用、计算复杂度和功耗等因素，以满足实时性和效能性要求，而传统的机器视觉则通常不受这些限制。在应用场景上，嵌入式机器视觉通常应用于实时性要求较高的场景，例如，智能手机的人脸识别、自动驾驶汽车的环境感知及无人机的目标跟踪等；传统机器视觉相较于实时性而言，更注重计算的准确度，例如，应用于医疗图像处理、安防监控等。在算法优化方面，由于嵌入式平台资源有限，嵌入式机器视觉需要进行算法优化，例如，模型量化、模型剪枝和模型压缩等，以适应嵌入式需求，而传统机器视觉通常可以使用更复杂的算法和模型。实际上，嵌入式机器视觉和传统机器视觉之间没有明确的界限，二者可以在某些方面有重叠和交叉。随着技术不断发展，嵌入式平台的计算能力和资源也在不断提升，嵌入式机器视觉和传统机器视觉之间的差距也在逐渐缩小。

嵌入式机器视觉在实时性要求较高的场合具有明显优势。为了满足系统实时性要求，现有的许多嵌入式机器视觉设备多基于 ARM（Advanced RISC Machines）微处理器、专用集成电路（Application Specific Integrated Circuit，ASIC）、可编程逻辑门阵列（Field-Programmable Gate Array，FPGA）及其组合。基于 ARM 的嵌入式机器视觉系统已经在多个应用领域发挥作用，日常使用的智能手机和其他移动设备、常见的智能家居、无人机和工业机器人均有集成了基于 ARM 的嵌入式机器视觉产品。

利用 ASIC 对视觉信息进行处理是高性能嵌入式机器视觉系统有效的解决方案之一，但 ASIC 开发具有周期长、通用性较差、修改不方便等劣势。相较于 ASIC 开发，FPGA 可通过内部逻辑功能实现快速修改，在实时图像处理（图像滤波、边缘检测和图像增强等）、图像的预处理、特征提取和图像分析方面更具优势，可以实现高度定制化的图像处理算法，在实时性要求较高的车辆自动驾驶场景中具有广阔的应用前景。

1.3.3 高速机器视觉

高速机器视觉也被称为高速摄像，一般相机帧率超过 250fps（帧/秒）。高速机器视觉目前主要用于科研领域，例如粒子图像测速（Particle Image Velocimetry，PIV）测试、飞机碰撞测试和材料性能测试等，这类测试往往持续时间短（1s 内），必须借助高速摄像机才能进行捕捉，通过高速摄像机在短暂的时间内对目标进行快速多次采样，然后通过慢放进行观察或借助图像处理方式进行深入分析。

风洞实验是航空航天工程中的重要环节，用于模拟飞机在不同飞行条件下周围的湍流情况。在 PIV 测试时，流场中散播了一些跟踪性和反光性良好的示踪粒子，用激光片光照射到所测流场的切面区域，通过成像记录系统连续摄取两次或多次曝光的粒子图像，最后利用图像互相关方法分析所拍摄的 PIV 图像，获得每一小区域中粒子图像的平均位移，由此确定流场切面上整个区域的二维流体速度分布，可用来研究空气动力学、风洞模型的性能和优化飞行器设计。图 1-41 所示为飞机机翼 PIV 实验结果。

飞机、火箭等飞行器的运行总会伴随着高速冲击、高速振动等复杂环境，如飞机飞行过程中的起落冲击、鸟撞或冰雹撞击等。图 1-42 所示为一架中国国航的波音 737 客机遭遇飞鸟撞击，机鼻雷达罩被砸穿的场景。为了保证飞机能够安全准确地完成预期的飞行目标，对于飞机部件结构强度及材料在高速冲击、振动环境下的材料力学性能研究提出了越来越高的要求，使用高速相机并结合双目立体视觉以及图像处理技术，可实现高速冲击变形、高速振动变形下飞机关节部件轮廓的精确测量。

航空航天材料可能会遇到高速碰撞、与爆炸类似的冲击加载情况，了解此类材料在冲击状态下的力学响应，有助于材料的工程应用。霍普金森杆实验（图 1-43）主要用于材料动态力学性能的测试，通过霍普金森杆施加高应变率、高载荷率和复杂应力状态的加载，采用高速相机获取试件材料在高速变形过程中的图片，通过图像和视频处理技术，计算出试件的

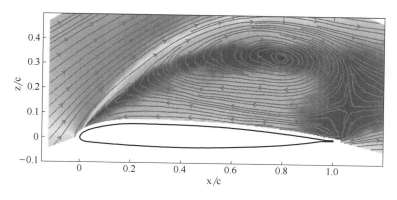

图 1-41 飞机机翼 PIV 实验结果

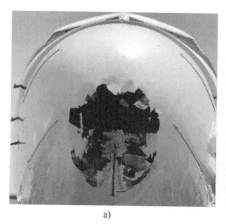

a)

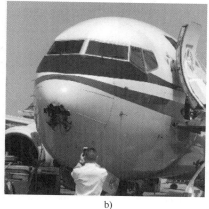

b)

图 1-42 波音 737 客机被飞鸟撞击

三维位移场及应变场，可分析航空航天材料动态力学性能。

1.3.4 智能机器视觉

随着人工智能技术的不断进步，深度学习技术为机器视觉领域提供了新的工具和手段，使其朝着更加智能化的方向发展。通过对采集的图像进行人工智能技术的分析和智能决策，机器视觉技术现在能够在诸如车辆自动导航和视频监控等更加复杂的应用场景中发挥关键作用。

图 1-43 霍普金森杆实验

在深度学习技术出现之前，传统的机器视觉在场景识别、检测、测量和定位方面通常需要手动设计特征并选择合适的分类器，才能获得令人满意的效果。为此研究人员开始致力于研究无须手动设计特征或选择分类器的机器视觉系统，卷积神经网络的出现使这一设想成为现实。

卷积神经网络通过对图像进行多次卷积（图 1-44）与池化处理（图 1-45）可提取图像的特征信息。在图像处理过程中的卷积是将一小块区域的信息抽象出来，池化则是对一小块区域内求平均值或者最大值的操作。通过对图像进行多次卷积和池化，可以降低图像数据规模并提取图像特征信息。

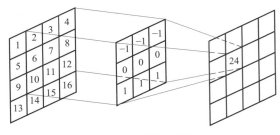

图 1-44　图像卷积

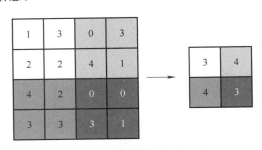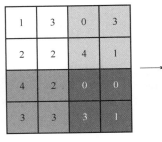

a) 最大值池化　　　　　　　　　　　b) 平均值池化

图 1-45　池化处理

深度学习在刚被提出来的十余年间，虽然在部分领域得到了应用，但并未引起大众的广泛关注，直到 2012 年，"神经网络之父"和"深度学习鼻祖"Geoffrey Hinton 课题组开发出卷积神经网络（Convolutional Neural Networks，CNN）AlexNet（图 1-46）在 ImageNet 图像识别比赛中一举夺得冠军，AlexNet 识别效果超过所有浅层的方法，使深度学习方法在世界范围内引发关注。2015 年，ResNet 在 ImageNet 图像识别比赛中获得分类、定位和检测三项冠军，基于卷积神经网络的机器视觉技术展现出巨大的发展潜力。

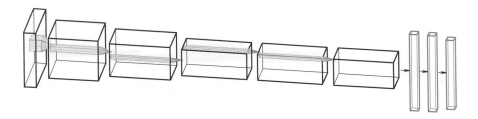

图 1-46　AlexNet 网络结构图

深度学习技术的发展已经通过其出色的性能、灵活性和可以使用自定义数据集进行重新训练的能力彻底改变了视觉处理流程。但深度学习技术也有自身的缺点，如系统计算要求高、计算时间长和准确率低，这又是传统机器视觉技术可以克服的。未来，这两种技术在不同应用场景中将结合起来使用，发挥各自的优势，尤其在全景视觉、三维视觉等场景中具有较大的应用潜力。

模块2
PROJECT 2

工业机器视觉硬件认知 ◀

【知识目标】

1. 了解 2D 工业相机的结构和组成，熟悉 2D 工业相机的常见分类方式。
2. 了解工业镜头的工作原理、结构与组成，理解工业镜头的主要技术参数。
3. 了解光源在机器视觉中的作用，熟悉常用光源布置及其适用场景。
4. 了解 3D 视觉传感器的分类及原理。

【技能目标】

1. 能够根据给定的待测对象尺寸和精度要求，对相机参数进行核算并进行相机选型。
2. 能够根据给定的工业相机参数，对镜头参数进行核算并进行镜头选型。
3. 能够根据检测需求进行光源的选型以及布置。

【素养目标】

1. 通过对理论知识的学习与实际应用的操作，初步具备根据实际问题设计机器视觉硬件系统的能力，培养作为机器视觉工程师的基本素养。
2. 培养良好的安全意识和一定的创新思维能力。
3. 在与实际工业生产相一致的职业氛围中培养良好的职业道德、科学的工作方法与团队协作精神。

项目 2.1　2D 工业相机认知

2.1.1　工业相机简介

工业相机作为机器视觉系统中的关键组件，与系统整体的成本、效率和精度高度相关。

工业相机一般安装在工业生产的流水线上，为视觉系统源源不断地提供关于检测对象的图像信息。不同于普通相机的是，工业相机是一种工业级的产品，能够每周7天、每天24h不间断工作，具有很高的稳定性和可靠性。与普通相机相比，工业相机性能更加稳定、帧率更高、光谱范围更宽，能够满足复杂的生产现场检测需求。

工业相机的功能是将光信号转变为有序的电信号，形成图像输出。选择合适的相机是机器视觉系统设计中的重要环节，相机的选择不仅直接决定了采集到的图像的分辨率、质量，还与整个系统的运行模式直接相关。图2-1所示为由广东奥普特科技股份有限公司生产的多系列工业相机，其代表产品的技术参数见表2-1。

a) 行曝光面阵相机　　　　　　b) 帧曝光面阵相机　　　　　　c) 大靶面面阵相机

图2-1　工业相机

表2-1　各系列工业相机代表型号及其参数

系列	行曝光面阵相机	帧曝光面阵相机	大靶面面阵相机
型号	OPT-CC200-GL-04	OPT-CC/M500-GM-04	OPT-CM5000-GM-04
分辨率	1920×1080	2448×2048	9344×5000
像元尺寸	2.9μm	3.45μm	3.2μm
芯片类型	CMOS	CMOS	CMOS
曝光方式	Rolling	Global	Global
帧率(fps)	22	20	2.6
芯片尺寸	1/2.8″	2/3″	29.9mm×16.0mm
数据接口	GigE PoE	GigE PoE	GigE
光学接口	C-Mount	C-Mount	M58×0.75
颜色	彩色	彩色/黑白	黑白

2.1.2　工业相机组成

工业相机的主要组成部分包括光学接口、数据接口、图像传感器、控制与信号转换电路以及防尘片等，如图2-2所示。

1. 光学接口

光学接口用于连接镜头和相机，主要有S口/M12、CS口、C口及M口等接口类型，各种接口主要根据接口直径和法兰距（相机芯片到法兰面距离）进行区分。一般而言，相机和所选镜头要有相同的光学接口，但也可通过转接环进行不同光学接口之间的转接，或通过接圈来调节镜头到物体的距离，如图2-3所示。

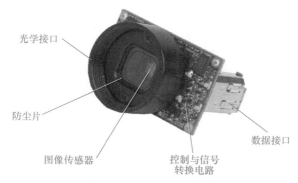

光学接口

防尘片

图像传感器

控制与信号
转换电路

数据接口

图 2-2　工业相机拆卸图

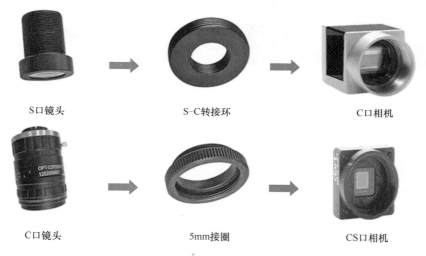

S口镜头

S-C转接环

C口相机

C口镜头

5mm接圈

CS口相机

图 2-3　镜头与相机的连接

2. 数据接口

数据接口是指相机的传输接口，用于将采集的图像数据传输到计算机。常用的数据传输接口有 IEEE 1394、GigE（Gigabit Ethernet）和 USB 等，如图 2-4 所示。IEEE 1394 常见的有 1394a 和 1394b，1394a 的传输速率约为 400Mbits/s，1394b 为 800Mbits/s，IEEE 1394 也称为火线，相较其他几种接口，IEEE 1394 占用系统资源高，成本也较高，长距离传输线缆价格

a) IEEE 1394

b) GigE

c) USB

图 2-4　不同类型的工业相机数据接口

相对较贵，且应用范围较窄。而 GigE 接口易用，可适用于多相机，传输距离远，线缆价格低，有标准的 GigE Vision 协议，因此在工业相机中得到广泛应用。

3. 图像传感器

图像传感器是工业相机的结构核心，也被称为相机芯片，分为 CCD 和 CMOS（Complementary Metat Oxide Semiconductor，可读写芯片）两种类型，如图 2-5 所示。从外观来看，CCD 传感器表面布有焊线，连接与 PCB 板焊接的引脚，而 CMOS 传感器则将周边电路集成到传感器芯片中。从微观结构来看，CCD 像元由光电二极管与下方的 CMOS 电容器构成，填充因子高，而 CMOS 像元由光电二极管和多个晶体管构成，填充因子相对较低。

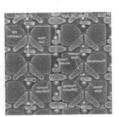

a) CCD图像传感器外观/微观　　　　　　　　　　b) CMOS图像传感器外观/微观

图 2-5　CCD 与 CMOS 类型图像传感器

2.1.3　工业相机分类

工业相机主要按照像元的排列方式、成像颜色以及快门控制方式进行分类。

1. 按像元排列方式分类

按照芯片中像元的排列方式不同，工业相机可以分为线阵相机和面阵相机，如图 2-6 所示。线阵相机的像元按照一维进行排列，相机和物体要有相对运动才能成像；面阵相机的像元按照二维进行排列，物体静止或运动都可以成像。因此，当待测对象位于传送带或滚轴上，且物体的运动速度比较快，或者待测对象幅面很宽时，优先选用线阵相机，反之则选用面阵相机。

a) 线阵CCD传感器　　　b) 线阵像元排列　　　c) 面阵CCD传感器　　　d) 面阵像元排列

图 2-6　线阵相机与面阵相机

2. 按成像颜色分类

按照成像颜色分类，工业相机可分为黑白与彩色两种类型，其中黑白相机的芯片上没有滤光片。彩色相机通常又分为两种类型：第一种的芯片上带有三色滤光片，这种滤光片的排列 25% 是红色（Red）、50% 是绿色（Green）、25% 是蓝色（Blue），因此也称为原色滤光片或 RGGB 滤光片，滤光后成红绿蓝 3 种颜色，生成三色感光，然后再组合成彩色；第二种是芯片上带有四色滤光片，它由 4 种基本颜色的滤光片均布组成，分别为青色（Cyan）、品红色（Magenta）、黄色（Yellow）和绿色（Green），因此也称为补色滤光片或 CMYG，滤光后可以将其分离成某种颜色及其互补色。两种滤光片的区别如图 2-7 所示。

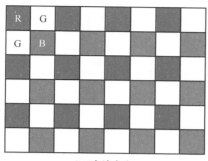
a) 三色滤光片

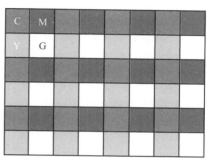
b) 四色滤光片

图 2-7　彩色相机的滤光片

一般黑白相机的感光性能更强，分辨率更高。彩色图像由人眼来看视觉效果或许更好，但可能不利于图像处理。为保证彩色图像的成像真实性，使用彩色相机时搭配白色光源。除非需要检测彩色信息，或得到的彩色图像有利于后期的图像处理，否则一般选用黑白相机。如图 2-8 所示，对于 PCB 板检测，如果是进行字符识别，黑白相机就足够满足成像效果；如果需要检测颜色差异的焊锡及引脚，则选用彩色相机。

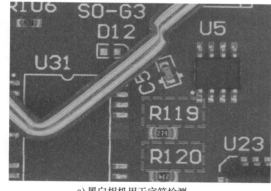
a) 黑白相机用于字符检测

b) 彩色相机用于元件检测

图 2-8　根据检测需求选择相机的成像颜色

3. 按快门控制方式分类

工业相机按照快门控制方式可以分为全局快门和卷帘快门两种类型。两种相机快门过程都包含重置、曝光、存储操作和读出 4 个过程。不同点是它们的快门过程时序不同，如图 2-9 所示。全局快门整幅场景几乎在同一时间进行重置、曝光、存储操作，只在读出时有较小时序上的错位；卷帘快门是从行 1 直到行 N 逐行依次执行 4 个过程，每行都有时序差异。因此，如果需要拍摄运动的物体，则需要选全局快门的工业相机；如果需要拍摄静止的物体，就要选卷帘快门的工业相机。

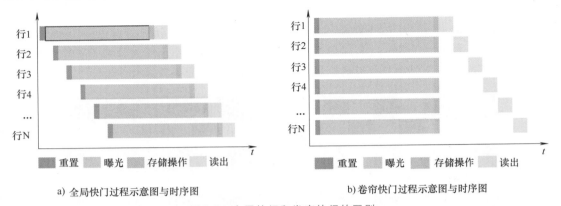

a) 全局快门过程示意图与时序图　　　　　　　　b) 卷帘快门过程示意图与时序图

图 2-9　全局快门和卷帘快门的区别

不同的工业相机分类方式见表 2-2。

表 2-2　工业相机分类

分类方式	分类种类
按传感器芯片类型分	CCD 相机、CMOS 相机
按传感器芯片结构分	线阵相机、面阵相机
按扫描方式分	隔行扫描、逐行扫描
按分辨率分	普通分辨率、高分辨率
按输出信号分	模拟相机、数字相机
按成像颜色分	彩色相机、黑白相机
按输出数据速度分	普通速度相机、高速相机
按快门控制方式分	卷帘快门相机、全局快门相机

2.1.4　工业相机参数

工业相机的参数主要包括像元尺寸、分辨率、芯片尺寸、像元深度、曝光时间、增益和帧率等。

1. 像元尺寸

像元是相机芯片上的小组成单元，是实现光电信号转换的基本单元。像元尺寸是用于描述像元大小的参数。通常像元尺寸小于 $2.2\mu m$ 的相机称为小像元相机，$2.2\sim5.5\mu m$ 之间的相机称为中等像元相机，大于 $5.5\mu m$ 的相机称为大像元相机。大像元相机多用在科学医疗领域，中等像元相机多应用于工业领域，而小像元相机多应用于消费市场领域。像元的大小对图像传感器的感光性能有重要影响，像元尺寸越大，接收光线越多，感光性能越强。如果其他条件限制严格，而整体成像亮度不足，可以选择大像元尺寸的相机，以弥补图像的亮度不足。

2. 分辨率

分辨率是相机每次采集图像的像素点数，反映到相机芯片上指的是芯片上的像元数量，如图 2-10 所示。例如，一个相机的分辨率是 2448（H）×2048（V），表示此款相机芯片上每行的像元数量是 2448，像元的行数是 2048，此相机的分辨率是 500 万像素。通常分辨率越高的相机，价格越贵。

3. 芯片尺寸

相机的芯片尺寸可用于表示传感器的大小。相机的分辨率反映了相机芯片上像元的数量，在像元尺寸已知的情况下，可以按照式（2-1）计算传感器的尺寸：

$$传感器尺寸 = 像元尺寸 \times 分辨率 \tag{2-1}$$

式（2-1）所计算的传感器尺寸也称为相机芯片尺寸，通常按照对角线长度来标定，单位为英寸（"）。在工业相机领域，1" 约为 16mm，常见的芯片尺寸规格如图 2-11 所示。其中，英寸数值后括号中的数字代表该规格芯片的对角线长度，靠近下方和右侧的数字分别代表芯片水平方向和垂直方向的尺寸，单位为 mm。同理，也可以根据垂直分辨率 V 和水平分辨率 H 来计算芯片垂直与水平方向的尺寸。

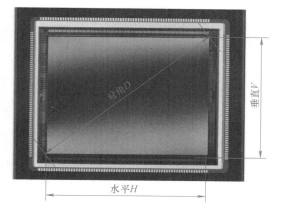

图 2-10　芯片示意图

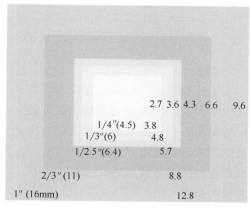

图 2-11　常见芯片尺寸规格（单位：mm）

4. 像元深度

像元深度是工业相机数字信号的输出格式，指每个像素每个通道数据的位数。最常用的像元深度为 8bit，此外数字相机还会有 10bit、12bit、16bit 等。像元深度值越大，图像细节越丰富；灰度等级越大，图像占用的存储空间越大，如图 2-12 所示。在实际使用时，需要根据对于灰度等级的需求选择像元深度。当像元深度大于 8bit 时，在普通计算机显示屏上无

a) 8bit 1202KB

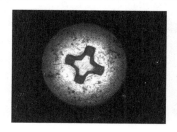

b) 4bit 601KB

c) 1bit 300KB

图 2-12　像元深度与图像细节和占用存储空间的关系

法显示,只能转为8bit或更低位显示出来。

5. 曝光时间

曝光时间是指拍摄时相机快门打开后图像传感器采集光线的时间,曝光时间越长,图像越亮,但曝光时间过长会导致图像过曝,信息细节丢失,降低了系统的抗抖动性。抗抖动性越差,对运动物体拍摄的曝光时间越长,拖影越长。曝光时间过短会导致图像过暗,导致图像细节丢失在暗区,曝光时间与图像灰度及质量的关系示意如图2-13所示。拍摄时需要选择合适的曝光时间,保证图像具有良好的细节和对比度。

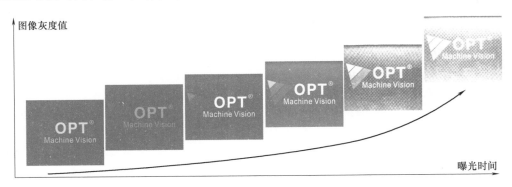

图2-13　曝光时间与图像灰度及质量的关系

6. 增益

在工业相机中,可以通过调节增益调整图像传感器的电子信号与灰度值输出之间的响应曲线斜率,从而改变相机的输出灰度值。当电子信号输入量一定时,增加增益可以增加响应曲线的斜率,相机的灰度值输出就会更高,如图2-14a所示。在低光环境下,可以通过调整增益的方式来增强信号,改变图像亮度。但这一过程不但会放大所需的信号,同时也会放大相机产生的所有干扰噪声,如图2-14b、c所示,只有在极端的环境下才考虑使用增益来增加图像的亮度。

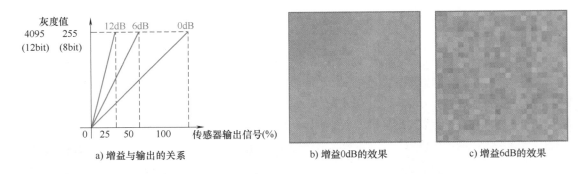

a) 增益与输出的关系　　b) 增益0dB的效果　　c) 增益6dB的效果

图2-14　相机的增益对图像的影响

7. 帧率

帧率是指相机每秒钟能采集和传输图像的帧数,其单位为fps。帧率越高,意味着每秒捕获的图像越多,常用的相机帧率为14~20fps。相机帧率受芯片类型、分辨率、像元深度、曝光时间、数据接口带宽和芯片设计等因素影响。CMOS比CCD信号读出速度更快,故

CMOS帧率更高。通常，分辨率越低，图像数据越小，帧率越高，如图2-15所示。

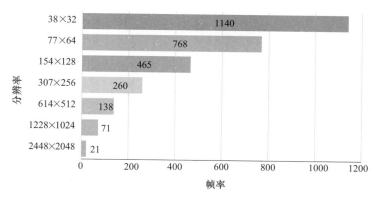

图 2-15　常见相机的分辨率与帧率之间的关系

2.1.5　分辨率核算

为保证所选择的相机能够满足视觉检测的精度需求，需要对相机的分辨率进行核算，计算方法为

$$相机单方向的分辨率 = 单方向视场范围大小 / 视觉精度 \qquad (2\text{-}2)$$

式中，视场是指成像系统中相机的图像传感器可以监测到的最大区域；视觉精度又称像素分辨率，指的是一个像素可以表征视场中多少区域的尺寸。假设视场的水平方向长度为32mm，相机的水平分辨率为1600像素，则视觉系统精度为

$$32\text{mm} \div 1600 = 0.02\text{mm}$$

表示图像中每个像素对应0.02mm。视觉精度的选择以及相机分辨率的核算方式如下：

1）确定待测对象的检测区域和待测对象最小的细节特征尺寸。确定待测对象的检测区域是为了确定视场，如图2-16所示，一般视场尺寸至少要取待测对象尺寸的120%。确定待测对象最小的细节特征尺寸是为了明确图像采集系统需要再现待测对象的最小细节的精细化程度。

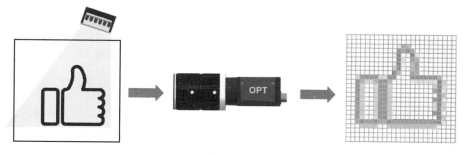

图 2-16　根据待测对象的检测区域来确定视场

2）根据项目类型。确定合适的视觉精度。图像采集系统的视觉精度根据应用需求会有所不同，由于相机采集图像过程中有噪声存在，为了区分待测对象的最小细节，通常图像采集系统（硬件）的视觉精度应为待测对象最小细节的2~3倍。精度数值越小，说明精度越

高，如图 2-17 所示，视觉精度越高，对待测对象细节的描绘越详细，但同时也会导致图像存储空间的提高。

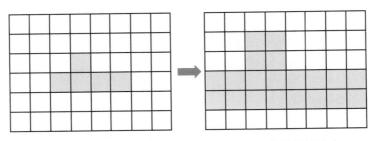

图 2-17　不同视觉精度的选择对待测对象细节呈现的影响

表 2-3 展示了在 3 类常见检测任务中，为满足待测对象最小细节的精度要求所需要的像素数量。

表 2-3　满足最小细节精度所需的像素数量

形状匹配	需要 1/10~1/4 像素再现对象最小细节
边缘检测	需要 1/4~2 像素再现对象最小细节
缺陷检测	需要 4~10 像素再现对象最小细节

3）确定相机分辨率。在确定了视场大小与视觉精度后，便可以进行相机分辨率的估算，计算方法为

$$相机分辨率 = 视场大小/视觉精度 \tag{2-3}$$

下面举例说明相机分辨率的核算方法。图 2-18 所示的大拇指图片，其实际的长和宽都为 40mm，在黑色的轮廓上存在划痕和缺损缺陷，划伤宽度为 0.2mm，缺损长度约为 1mm。

a) 待测对象整体图片　　　　b) 待测图像上的缺陷

图 2-18　待测对象示例

由于待测对象的尺寸为 40mm×40mm，根据 120% 的视场比例确定视场的尺寸为 48mm×48mm。由于检测任务为缺陷检测，且待测缺陷中最小的尺寸为 0.2mm，需要 4~10 像素来重现待测缺陷的最小尺寸。考虑到划痕类缺陷较为细小，因此选择 10 像素来重现最小细节，即所需的视觉精度为：

$$0.2mm \div 10 = 0.02mm$$

故可以计算得到所需的相机水平竖直分辨率为：

$$48mm \div 0.02mm = 2400$$

即所需相机的分辨率至少为：

$$2400 \times 2400 = 5760000$$

2.1.6 工业相机选型

工业相机的选型直接关系到数据采集的质量、精度和效率。针对特定的测量任务，选择合适的工业相机可以提高测量的准确性和可靠性。相机选型的一般流程如下：

1）明确检测需求。例如，检测传送带上运动的物体时，需要确定其运动速度、对快门速度、曝光时间以及光源的设计。同时还要确定适配待测对象的视场大小，并明确需要达到的检测精度要求。

2）确定色彩需求。2D工业相机主要分为彩色和黑白两种。一般而言，只有在需要识别彩色信息的场合，如电路板涂色引脚、彩色印刷品等，才需要使用彩色相机。

3）确定视觉精度。根据检测需求，可以计算适配检测对象的视场大小，并确定需要达到的精度，再依照本项目2.1.5节中所述方法对系统的视觉精度以及相机的分辨率进行核算。

4）确定硬件参数。根据核算的相机分辨率、视觉精度等参数以及对采集速度、安装位置和数据传输方式等需求，确定相机的各个元器件的参数。

5）选择相机传感器芯片的类型。在同等分辨率的情况下，CCD相机的成像效果要比CMOS相机好，价格也要贵一些，因此在精度要求不太高的情况下，可以考虑选择CMOS相机，对精度要求很高时可以考虑CCD相机。近年来，CMOS传感器芯片的性能与CCD传感器芯片的性能逐渐接近，在满足性能要求的前提下，考虑性价比可优先选用CMOS相机。

6）根据选型结果列出清单。综合考虑各种因素，列出需求项清单，见表2-4，最终确定相机型号。

表2-4 工业相机选型清单示例

检测类型		A 尺寸测量 　　B 缺陷检测　 C 字符识别 D 组装引导 　　　　　　E 其他			
工位		工位1	工位2	...	工位N
视野	物料大小或待检测区域大小/是否需要多相机				
组装精度					
视觉精度	像素分辨率				
相机分辨率	相机像素数量				
黑白/彩色相机					
线阵/面阵相机					
图像质量	量子响应效率/动态范围/信噪比/DSNF				
相机快门	卷帘/全局				
检测速度	静止/运动拍照				
曝光时间	（正常/飞拍）最短曝光时间				

（续）

检测类型		A 尺寸测量　　　B 缺陷检测　　C 字符识别 D 组装引导　　　　　　　E 其他			
工位		工位 1	工位 2	…	工位 N
帧率					
数据接口	（USB/Gig/Camera Link/CLHS/CPX 等） 传输速度、距离、电磁环境、工控机性能				
镜头接口	C 口，F 口，使用接圈等				
成本					
其他	工作环境温度和 EMI 相机重量、体积				
预选相机型号					

项目 2.2　工业相机镜头认知

2.2.1　工作原理

　　视觉系统中，镜头的主要作用是将目标物体的光线汇聚，成像在相机传感器的光敏面上。镜头质量直接影响图像质量，进而影响视觉系统的整体性能，选择合适的镜头同样是机器视觉系统设计的重要环节。

　　镜头成像原理是基于凸透镜成像原理，通过组合的透镜组，将物体发出或者反射的光线成像在像平面上（与芯片面重合），如图 2-19 所示。透镜组的作用是矫正畸变、色散和场曲等各种成像不良现象。

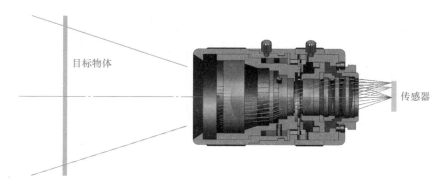

图 2-19　镜头成像示意图

　　镜头理想的成像模型是薄透镜模型，如图 2-20 所示。薄透镜模型在计算时忽略了厚度对透镜的影响，从而对光学计算公式进行简化。

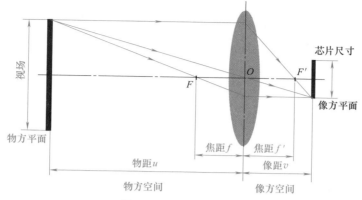

图 2-20　镜头成像模型

2.2.2　镜头组成

　　镜头结构可以分为两部分：光学部分和机械部分，如图 2-21 所示。光学部分由透镜组和光圈组成，机械部分由光圈环、对焦环、锁紧螺丝和固定支架组成。透镜组表面会使用增透减反（Anti-Reflection，AR）材料或哑光材料进行镀膜处理，这两种镀膜都是为了增加透光率，从而提高相机接收光线的效率。

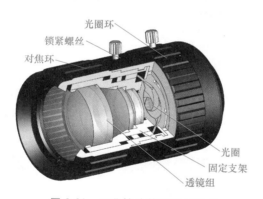

图 2-21　工业镜头的结构与组成

1. 光圈

　　光圈用于控制镜头的进光量，用光圈系数来描述。光圈系数是指镜头焦距与整个镜头的入射瞳直径的比值，通常用 f/# 来表示。光圈系数越大，光圈的孔状光阑开口越小，进光量越少，如图 2-22 所示。

f/4

f/5.6

f/8

f/11

f/16

f/22

图 2-22　光圈系数与光圈大小的关系

2. 光圈环

光圈环连接镜头内部的可控光圈机构，光圈机构是由多个相互重叠的弧形薄金属叶片组成的多边形或者圆形的孔状光阑。通过转动光圈调节环，通过控制叶片离合来改变孔状光阑的大小，实现镜头通光量的调节。

3. 对焦环

对焦环用于调整镜头的聚焦面，保证镜头清晰成像。通过旋转对焦环，改变镜片组在镜头中的相对位置，使镜头的成像面与相机芯片表面重合。聚焦不正确会导致图像不清晰，难以呈现很好的图像效果。

4. 法兰距与后截距

如图 2-23 所示，法兰距是指镜头的法兰面到成像面（芯片）的距离。后截距分为机械后截距和光学后截距，机械后截距指镜头最后的机械面到成像面的距离，光学后截距指镜头最后端镜片表面顶点到成像面的距离。

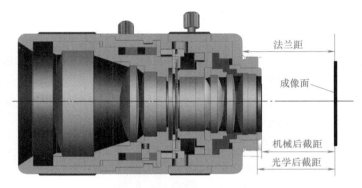

图 2-23　镜头的法兰距与后截距

镜头根据镜头直径、法兰距和光学接口的类型与相机进行匹配，但接口类型与工业镜头性能并无直接关系，需要根据实际情况进行搭配与选用。部分光学接口的参数见表 2-5。

表 2-5　部分光学接口的参数

接口名称	螺纹参数	固定结构	法兰距
S	M12×0.5-6g	螺纹	—
TFL	M35×0.75-6g	螺纹	17.526mm
T2	M42×0.75-6g	螺纹	—
M90	M90×1-6g	螺纹	—
A	—	卡口（54°）	44.5mm
K	—	卡口	45.5mm
Nikon-F	—	卡口	46.5mm

2.2.3　技术参数

1. 焦点和焦距

焦点是指与镜头光轴平行的光线射入凸透镜时，光线所汇聚到的一个点。对于单个透镜，焦距是指从光心到焦点的距离；对于多个透镜组成的镜头，焦距是指像方主平面到焦点的距离，如图 2-24 所示。

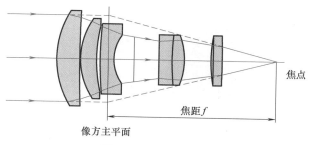

图 2-24　焦点和焦距

2. 景深

景深是指在镜头保持聚焦状态不变时，物体在最佳聚焦面前后可以移动的范围。在其他配置不变的情况下，镜头光圈越小，景深越大；镜头焦距越长，景深越大；工作距离越远，景深越大；像元尺寸越大，景深越大。但需要指出的是，并不是所有检测项目都需要用到大景深。例如，使用调整光圈的方式增大景深时，随着光圈变小，通光量减少，图像的质量也会随之有所降低，因此应根据实际情况和需求进行选择。

镜头景深通过景深尺进行测量，如图 2-25a 所示。景深尺上有按规律分布的刻度，用相机拍摄得到的刻度是均匀的，如图 2-25b、c 所示，采集的景深尺刻度对应的清晰范围为镜头的景深。

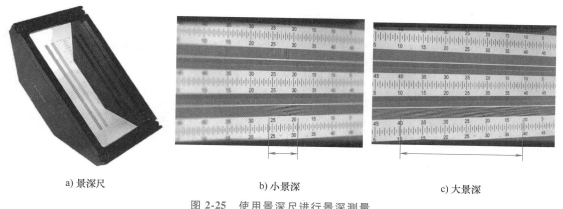

a) 景深尺　　　　　　　　　b) 小景深　　　　　　　　　c) 大景深

图 2-25　使用景深尺进行景深测量

3. 工作距离

工作距离是指镜头聚焦清晰时，被测物体到镜头最前端的距离。选择镜头时应考虑工作距离是否满足测试现场的安装空间。在高温、高危等特殊工况下，为了保护镜头，要选用尽量大的工作距离。

4. 视场与视场角

视场又称视野，是指观测物体的可视区域。视场分为水平视场和垂直视场，即视场的长短边，视场的长短边之比等于相机芯片尺寸的长短边之比，也等于图像的水平像素数和垂直像素数之比。选用视场时，根据经验通常会使用待测对象尺寸的 120%，另外视场与机构定位、移动误差等因素也有关。视场角是指镜头对图像传感器的张角,可以理解为视野边缘与像方主平面中心点的夹角。视场与视场角的示意图如图 2-26 所示。

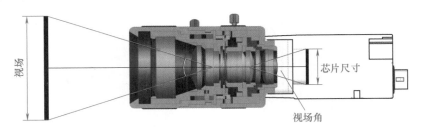

图 2-26 视场与视场角示意图

5. 畸变

畸变指目标物体经过镜头所成的像发生了形变,这个现象是由于视场不同位置的放大倍率不同造成的。畸变只影响成像的几何形状,并不影响成像的清晰度和信息细节,因此可以通过视觉软件标定进行映射校准。常见的畸变类型有桶形畸变和枕形畸变,如图 2-27 所示。降低畸变的方法主要有 4 种,包括使用低畸变镜头、标定、图像扭曲校正以及在视场大小相同的情况下选用长焦距镜头。

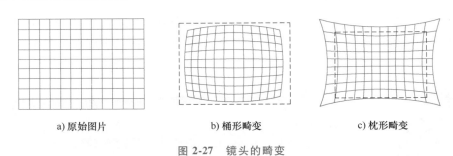

a) 原始图片   b) 桶形畸变   c) 枕形畸变

图 2-27 镜头的畸变

6. 最大兼容芯片尺寸

所有镜头都只能在一定的范围内清晰成像,最大兼容芯片尺寸指镜头能支持的最大清晰成像的范围。在选择相机和镜头时,所选择的镜头的最大兼容芯片尺寸要大于或等于所选择相机的芯片尺寸。如图 2-28a 所示,镜头的成像区域是圆形,只有在圆形区域内才能透过光线且被相机接收,此时,图像是正常的。如果相机芯片过大,超出了镜头的成像区域,相机边角区域会被遮挡,呈现黑色,如图 2-28b 所示。

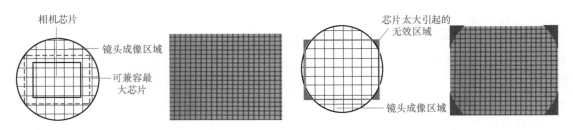

a) 镜头最大兼容芯片尺寸≥相机芯片尺寸   b) 镜头最大兼容芯片尺寸<相机芯片尺寸

图 2-28 镜头最大兼容芯片尺寸和相机芯片尺寸对应显示示意图

7. 分辨率

镜头分辨率指镜头在成像面上 1mm 间距内能够分辨的黑白相间的条纹对数，通常用线对/毫米（lp/mm）描述。镜头分辨率可通过分辨率测试卡进行测定，常用的分辨率测试卡如图 2-29 所示。

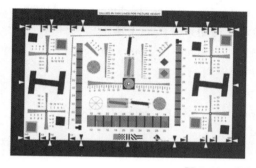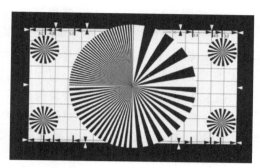

图 2-29　常用的分辨率测试卡

8. 放大倍率

镜头的放大倍率定义为相机芯片尺寸与视场尺寸之间的比例，约等于像距和物距的比值。对于固定焦距镜头，放大倍率是可变的。当工作距离改变时，视场大小就会改变，放大倍率也会随之发生改变。

2.2.4　镜头选型

镜头的选型将直接影响测量结果的准确性和可靠性，正确地选择适合特定测量任务的镜头可以提高测量的精度和效率。镜头选型的一般流程如下：

1）确定应用需求（视野、精度、安装高度等以及待测对象是否运动等）。

2）确定相机的类型与接口，使用面阵相机还是线阵相机。

3）根据应用需求计算关键的光学性能参数。

4）进行分辨率匹配。在实际应用中，应注意镜头的分辨率不低于相机的分辨率。

5）满足景深需求。对景深有要求的项目，尽可能使用小光圈；由于景深影响因素较多，且判定标准较为主观，具体的景深计算需要结合实际使用条件。

6）注意与光源的配合，选配合适的镜头。例如，在对精度、尺寸测量要求比较高时，需要配合远心光源使用远心镜头，或者使用定焦镜头。

7）注意考虑镜头的可安装空间。

进行光学性能参数核算时，工作距离、芯片尺寸和分辨率等参数相互之间的关系估算如下：

$$视场尺寸（V 或 H）= \frac{工作距离 \times 芯片尺寸（V 或 H）}{焦距（f'）} \qquad (2\text{-}4)$$

$$放大倍率 = \frac{芯片尺寸（V 或 H）}{视场尺寸（V 或 H）} \qquad (2\text{-}5)$$

$$相机像素（V 或 H）= \frac{视场尺寸（V 或 H）}{视觉精度} \qquad (2\text{-}6)$$

下面举例说明核算方法。在某一检测需求中，要求视场大小为 180mm×135mm，相机芯片尺寸大小为 1″（12.8mm×9.6mm），像元尺寸为 3.5μm，相机接口为 C 型接口，工作距离要求小于 800mm。具体的计算流程如下：

1）根据焦距公式计算，可得

f' = 工作距离÷（视场尺寸 V÷芯片尺寸 V）= 800mm÷（180mm÷12.8mm）= 56.89mm

2）选择最接近的焦距，f' 取 50mm，根据确定的焦距计算新的工作距离，可得

新的工作距离 ≈（视场尺寸 V÷芯片尺寸 V）×焦距 =（180mm÷12.8mm）×50mm = 703.125mm

计算所得的工作距离<800mm，因此所选定的焦距可行。

3）像素匹配，根据上述参数计算像素需求为

像素 = 12.8mm÷（3.5×10^{-3}）mm×9.6mm÷（3.5×10^{-3}）mm = 1.00×10^7

根据计算结果，建议选用 10M 系列定焦镜头。

4）确定接口为 C 型接口。

5）根据上述参数，进行相机的选型。

项目2.3 机器视觉光源认知

2.3.1 光源分类

光源在机器视觉系统中十分重要，根据检测任务选择并布置合适的光源，具有以下优势。

1）目标信息与背景分离，增强对比度，方便特征信息的提取。

2）维持照明恒定，保证采集到的图像质量稳定。

3）降低设计算法的难度、提高检测效率，并增强系统的稳定性。

光源根据发光机理、光线波段和形状结构可以分为不同的类型，不同类型的光源各有其特点。

1. 按发光机理分类

根据发光机理不同，常见光源的类型主要有 LED 灯、卤素灯、氙灯和荧光灯 4 种，如图 2-30 所示。

（1）LED 灯　LED 灯的寿命约为 30000~100000h，可以同时使用多个 LED 达到高亮度，也可以组合成不同的形状，响应速度快，还可以根据不同用途选择匹配的波长，其缺点是在白光照射中显色性偏低。

（2）卤素灯　卤素灯寿命约为 1000h 左右，亮度高，但响应速度慢，光亮度和色温变化很小，应用范围比较小。

（3）氙灯　氙灯的优点是亮度高，色温与日光接近，可用在对色温要求很高的项目上。但是氙灯使用寿命短，约 1000h 左右，响应速度慢，发热量大，工作电流大，供电安全要求严格，所以视觉检测上很少会用到。

（4）荧光灯 荧光灯的使用寿命约为 1500~3000h，扩散性好，适合大面积的均匀照射，缺点是亮度比较低。综合来说，LED 灯的综合性能更强，更适合应用于机器视觉检测系统中。

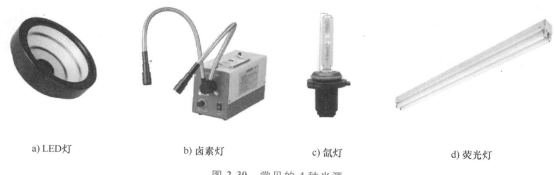

a) LED灯   b) 卤素灯   c) 氙灯   d) 荧光灯

图 2-30 常见的 4 种光源

2. 按光线波段分类

在机器视觉中常用的是可见光范围（380~780nm）、紫外和近红外波段光线，如图 2-31 所示，不同波段的光适用于不同的应用场景，常用的有白光、蓝光、红光、红外光、紫外光以及特殊的偏振光。

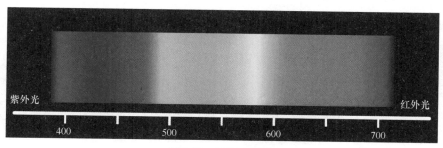

图 2-31 可见光谱图

（1）白色光源 白色光源通常用色温来界定，色温高的颜色偏蓝色（冷色，色温 > 5000K），色温低的颜色偏红（暖色，色温 < 3300K），界于 3300~5000K 称为中间色。白色光源适用性广、亮度高，常在拍摄彩色图像时使用。

（2）蓝色光源 蓝色光源的波长为 430~480nm，适用于银色背景产品（如金件、车加工件等）、薄膜上金属印刷品等。

（3）红色光源 红色光源的波长为 600~720nm，由于其波长较长，可以穿透一些比较暗的物体。在进行黑色底材透明软板孔位定位、绿色电路板电路检测、透光膜厚度检测等检测任务时，红色光源可明显提高对比度。

（4）绿色光源 绿色光源的波长为 510~530nm，常用于红色或银色背景产品（如钣金件、车加工件等）的检测。

图 2-32 所示为不同颜色的可见光对图像对比度的影响。在图 2-32a 中，蓝色电容表面的字符在红色光源的照射下更加清晰；在图 2-32b 中，易拉罐冲压后的表面在白光照射下可以看见红色的"谢谢惠顾"字符；在图 2-32c 中，使用红色光源照射后，表面的红色字符对比度降低，便于对罐体的冲压质量进行检测。

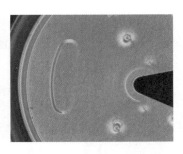

| a) 蓝色电容背景-红色光源 | b) 冲压表面-白色光源 | c) 冲压表面-红色光源 |

图 2-32　可见光源对图像对比度的影响

（5）红外光　红外光的波长一般为 780~1400nm，属于不可见光。红外光可以抑制背景颜色，绕射和穿透能力比可见光更强，一般在 LCD 屏检测、视频监控行业应用比较普遍。使用红外光时，建议选取对其光路和透过率进行优化的红外镜头搭配相机使用，场景中存在可见光干扰红外光成像，可使用滤光片提高图像质量。

如图 2-33a 所示，毛巾表面的染料颜色在可见光照射下对比度较强，清晰可分辨。如图 2-33b 所示，更换为近红外光照射后，染料的颜色被有效地抑制以至于完全消失，因此可以分辨出毛巾上的发丝。如图 2-33c 所示，线路板表面的"不透明"材质影响了对 OLED 线路的检测。在图 2-33d 中更换为红外光照射后，由于红外光波长较长，绕射穿透能力增加，因此能够透过"不透明"材质分辨出 OLED 线路。

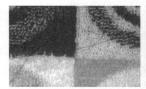

| a) 毛巾-可见光 | b) 毛巾-红外光 | c) 线路板-可见光 | d) 线路板-红外光 |

图 2-33　红外光对成像效果的影响

（6）紫外光　紫外光的波长一般为 190~400nm，波长短、穿透力强，可以进行注射液微粒检测以及配合滤光片进行荧光物质检测。由于紫外 LED 价格昂贵，所以成本也相对较高。应当注意的是，紫外光对人的眼睛和皮肤都有伤害，使用时需要注意防护。图 2-34a 所示为利用紫外光的荧光效应对含荧光剂的油墨字符进行检测，此方法也同样适用于荧光二维码（图 2-34b）、纺织材料异物（图 2-34c）以及胶水检测（图 2-34d）等应用场景。

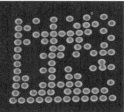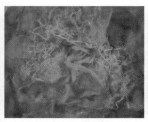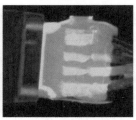

| a) 荧光字符 | b) 荧光二维码 | c) 纺织材料异物 | d) 胶水检测 |

图 2-34　紫外光的检测应用

（7）偏振光　当自然光通过偏振滤光片后会变为偏振光。偏振光是仅包含一种振动方向的光线，其振动方向是固定的。偏振光可以用于消除物体表面的眩光现象，如图 2-35a、b 所示，也可以利用光弹性效应检测透明物体的材料应力，如图 2-35c、d 所示。

  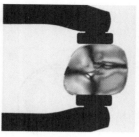 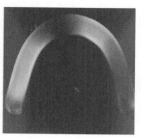

　　　a) 无偏振滤光片　　　　　b) 有偏振滤光片　　　　c) 镜片应力检测　　　　d) 手柄应力检测

图 2-35　偏振光的应用

3. 按光源形状和方向分类

LED 光源可以组合成不同的形状。根据光源形状和光照方向分布的区别，常用的 LED 光源可以分为条光、环光、面光、组合光、同轴光、球积分光、远心光和结构光，如图 2-36 所示。根据不同的检测需求选择合适的光源形状和方向，可以有效地凸显待检测的特征。

　　　a) 条光　　　　　　　b) 环光　　　　　　　c) 面光　　　　　　　d) 组合光

　　　e) 同轴光　　　　　f) 球积分光　　　　　g) 远心光　　　　　h) 结构光

图 2-36　常用 LED 光源

2.3.2　照明方式

改变光源照射的方向也是增强被测物体特征的有效手段。光源可以是漫射或直接照射方式，当光源漫射时，在各个方向光的强度几乎是一样的；直接照射时，光源发出的光集中在非常窄的空间角度范围内，在特定情况下，光源可以仅发出单向平行光，称为平行光照射。

光源、相机以及被测物体的相对位置也可以用来增强被测物体特征。如果光源与相机位于被测物体的同一侧，称为正面光；如果光源与相机位于被测物体的两侧，称为背光；如果光源与被测物体成一定角度，使得绝大部分光能够被反射到相机，称为明场照明，如图 2-37a 所示；如果仅有照射到被测物体特定部分的光被反射到相机，称为暗场照明，如图 2-37b 所示。在实际应用中，需要根据检测需求进行照明方式的选择，不同的照明方式可以突出检测对象不同的特征。

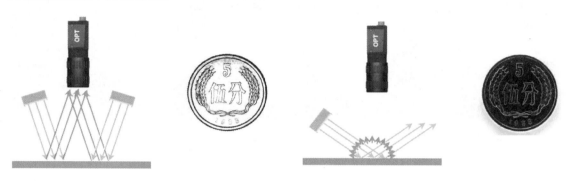

a) 明场照明　　　　　　　　　　　　　　　　　b) 暗场照明

图 2-37　明场照明与暗场照明

1. 漫反射高角度照明

漫反射高角度照明可以抑制轻微划伤、加工纹路等表面纹理，为表面略微不平的小型零件提供均匀照明，或为高反光材料提供低眩光照明，其布置方式如图 2-38a 所示。如图 2-38b 所示，对于五金件表面的字符识别，可以使用高均匀漫反射环形光源照明。对于化妆瓶上的条形码识别，可使用高均匀条形光源，如图 2-38c 所示，光源形状与物体形状相近，可以保证好的照明效果。

b) 五金件字符识别(高均匀漫反射环形光源)

a) 漫反射高角度照明　　　　　　c) 化妆瓶条形码识别(高均匀条形光源)

图 2-38　漫反射高角度照明及其适用场景

漫反射高角度照明可以使用带漫射板的环形光源、高均匀条形光源、带漫射板的开孔面光源、漫射同轴光源和球积分光源，如图 2-39 所示。高角度环形光、同轴光具有安装简单、效果稳定等优点，而加装漫射板适用于将光均衡地扩散到整个平面的薄片，由于光在通过漫射板时会损失一部分，所以相较不使用漫射板时亮度会有所下降。此外，在选择面光源时，一般选择面光源的发光面积为视场尺寸的 2 倍。

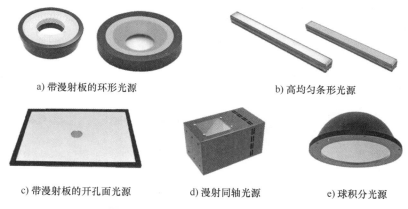

a) 带漫射板的环形光源　　　　　　　　　b) 高均匀条形光源

c) 带漫射板的开孔面光源　　d) 漫射同轴光源　　e) 球积分光源

图 2-39　漫反射高角度照明适用光源

2. 定向光高角度照明

定向光高角度照明适用于检测高反光材料表面的缺陷、划伤、裂缝和断差等，为低反光材料提供均匀的照明，还可以提供照亮特定细节的方向性光，其布置方式如图 2-40a 所示。图 2-40b 所示为玻璃表面划线检测，可以使用平行同轴光源。图 2-40c 所示为手机充电器字符检测，可以使用条形光源。

b) 玻璃表面划线检测(平行同轴光源)

a) 定向光高角度照明　　　　　　c) 手机充电器字符检测(条形光源)

图 2-40　定向光高角度照明及其适用场景

定向光高角度照明可以使用平行同轴光源、面光源、中/高角度环形光源、条形光源和组合条形光源，如图 2-41 所示。安装时，需要注意光源的位置和角度，尽可能兼容待测对象的变化（形状/高低/移动/倾斜）。未配漫射板的光源适用于低反光材料，在照射高反光材料时可能会对成像产生干涉。

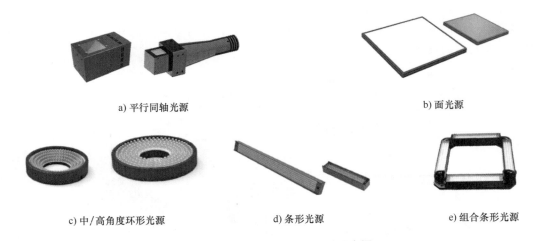

a) 平行同轴光源　　　　　　　　　　　　　　b) 面光源

c) 中/高角度环形光源　　　　　　d) 条形光源　　　　　　e) 组合条形光源

图 2-41　定向光高角度照明适用光源

3. 低角度照明

低角度照明适用于检测材料表面的缺陷、划伤、裂缝、断差等，削弱低反光材料表面的高低凸起颗粒，提取材料的轮廓边缘，或者读取条码、印刷字符识别等，其布置方式如图 2-42a 所示。如图 2-42b 所示，手机按键尺寸可以使用环形漫射光源进行检测。

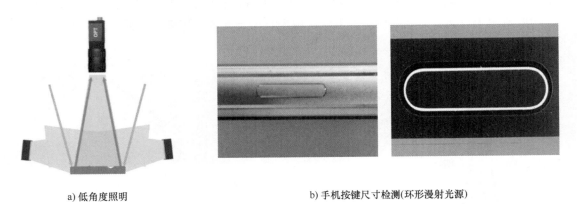

a) 低角度照明　　　　　　　　　　b) 手机按键尺寸检测(环形漫射光源)

图 2-42　低角度照明及其适用场景

低角度照明可以使用低角度环形光源（带漫射板）、条形光源、环形低角度光源、环形漫射光源、四边形漫射光源、组合条形光源（带漫射板）和低角度环形光源，如图 2-43 所示。低角度照明属于暗场照明，用于暗场照明的光源，在安装时需尽可能降低与测试对象的垂直距离，要保证光源与测试对象的安全距离至少为 5~10mm。也可以采用照射角不变，通过增加发光面与测试对象的水平距离来增加安全距离。

4. 背光照明

背光照明时，由于检测对象的材质和厚度不同，对光的透性存在差异，其布置方式如图 2-44a 所示。背光照明可用于区分可透射和不可透射的材质，适合提取检测对象边缘轮廓和孔洞，完成贯穿型缺陷检测、狭缝和通孔内杂质检测。图 2-44b~e 所示为金属轮廓定位检测、玻璃瓶外轮廓测量、饮料瓶封装检测以及玻璃内部气泡检测，均可使用背光照明方式。

a) 低角度环形光源(带漫射板)   b) 条形光源   c) 环形低角度光源

d) 环形漫射光源   e) 四边形漫射光源   f) 组合条形光源(带漫射板)   g) 低角度环形光源

图 2-43 低角度照明适用光源

b) 金属轮廓定位检测   c) 玻璃瓶外轮廓测量

a) 背光照明   d) 饮料瓶封装检测   e) 玻璃内部气泡检测

图 2-44 背光照明及其适用场景

在进行布置时，合理的照明方式可以得到更好的检测效果。如图 2-45a 所示，待测物体材料为圆弧边缘的不透明材料，采用漫射背光时会存在杂散光照亮圆弧上表面，造成边缘锐利度下降的问题，影响测量的准确性。此时，可采用图 2-45b 所示的远心镜头搭配平行背光的方式进行照明，边缘锐利度明显提高。

此外，为减少成本，还可以选择使用挡光片来遮挡住不需要的杂散光，或者增加光源和待测物体之间的距离，以此来减少射入镜头的杂散光。如图 2-46 所示，图中在没有使用遮挡片时，图像亮度不均匀，边缘难以区分；使用遮挡片后图像亮度均匀，边缘清晰锐利。

5. 同轴光照明

同轴光源所发出的光路与入射镜头光的光路是同轴的，它的优点是可以照亮全视场，图像中心不会因为光照分布不均而产生未照亮的空洞。但由于其光效低（光线两次通过分光镜，光损失达 75%，实际到镜头的光强少于 25%），因此会导致图像的对比度降低。

同轴光源的不同布置方式有不同的适用场景。同轴光源布置在短工作距离时，光线分布

a) 采用漫射背光的成像效果

b) 采用远心镜头搭配平行背光的成像效果

图 2-45　背光的不同配光方式对成像的影响

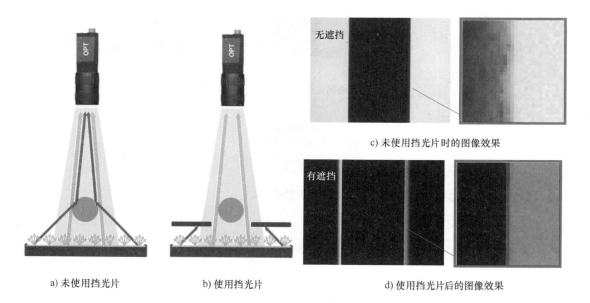

a) 未使用挡光片　　　　　b) 使用挡光片

c) 未使用挡光片时的图像效果

d) 使用挡光片后的图像效果

图 2-46　使用挡光片降低背光照射时杂散光的影响

为漫反射，如图 2-47a 所示，能够削弱物体表面纹理，适用于印制电路板字符、Mark 点定位以及二维码识别；在长工作距离时，光线分布为近平行光，如图 2-47b 所示，适用于检测高反光材料表面的小角度变化、平整度等。

6. 无影光照明

当希望整个视场的照明度均匀，避免照射所产生的阴影影响成像效果时，可以使用无影光照明，其布置方式如图 2-48a 所示。无影光照明通常使用球积分光源完成，这种光源内部是朗伯辐射体，能够均匀反射从底部 360° 发射出的光线。球积分光源适用于曲面、凹凸表面及高反光表面的检测，如图 2-48b、c 所示。

除了球积分光源外，无影光照明还常常使用拱形光源，如图 2-49 所示。球积分光源可

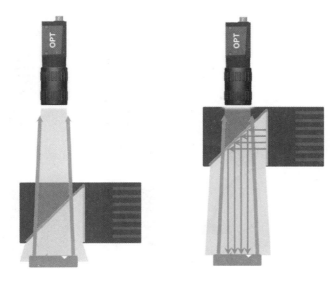

a) 短工作距离   b) 长工作距离

图 2-47 同轴光源照射时长、短工作距离的效果对比

以避免环境光的干扰，但是体积比较大，若采用球积分光源，安装时要注意尽可能缩短光源与对象之间的距离。需要对球体表面的瑕疵进行检测时，可以使用定制球积分光源。

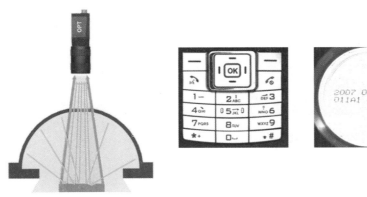

a) 无影光照明   b) 手机按键检测   c) 易拉罐底字符读取

图 2-48 无影光照明及其适用场景

a) 球积分光源   b) 定制球积分光源   c) 拱形光源   d) 定制拱形光源

图 2-49 无影光照明适用光源

此外，在检测高反光材料时，图像中心可能出现黑色空洞的现象，此时可用同轴光源配合球积分光源构成连续无影光来消除这一现象的影响，如图 2-50 所示。

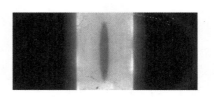

b) 单无影光照明时出现的黑色空洞现象

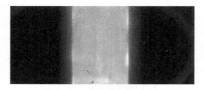

a) 同轴光和球积分光构成连续无影光

c) 使用连续无影光消除黑色空洞现象

图 2-50　使用连续无影光消除黑色空洞现象

7. 远心照明

远心照明光源是一种特殊的定向光源，这种光源是将 LED 发出的光集中，射出平行主光路，发散角非常小，通常发散角≤1°。由于光线直射入镜头，消除光源漫射造成的边缘模糊现象，因此可以提高照明的均匀性，形成高对比度图像，从而获得更高的测量精度。由于远心照明的光传输效率高，所以其曝光时间也可缩短 3~5 倍。远心照明光源可以胜任多种检测场景，如图 2-51 和图 2-52 所示。

图 2-51　远心光源（背光布置）

远心光源需要与远心镜头配合使用。安装远心光源时要保证稳定且无振动、光路与远心镜头平行对齐、角度偏差<±1°，用于保证图像亮度分布的均匀性。当远心光源与远心镜头不完全对齐时，远心原理仍然有效，但会导致亮度分布不均匀。远心光源通常选用绿色、蓝色波段的单色光，选用单色光能够减少色差对图像质量的影响，绿色波段单色光感光效率高，更适合成像。

图 2-52　远心光源（前光布置）

2.3.3　照明系统设计

合理的照明系统设计将对机器视觉检测提供便利条件。照明系统设计的流程主要分为 5 个步骤：明确检测特征、确定光源参数及照明方式、确定光源控制方式、实验测试与验证、整理指导性资料并实施。

1. 明确检测特征

为满足检测要求，需要通过与需求方沟通，明确被测物体上的检测类型、检测特征和检测区域，列出检测需求。如果需要进行尺寸类检测，就需要了解被测物体的设计尺寸、尺寸公差等信息；如果需要进行缺陷类检测，就需要了解被测物体的材质、表面纹理、颜色和结构等信息，然后对被测缺陷的种类、大小、形态和深浅等信息进行收集。必要时，也需要了解被测物体的生产流程、工艺与被测区域的环境。

2. 确定光源参数及照明方式

通过光路分析，初步确定光源的类型、尺寸、摆放位置和角度。光路分析有以下4个子步骤：

1）分析被测物体与光的相互作用。通过观察对象上的被测特征，寻找被测特征与背景的最大光学差异（用于形成对比度），并以此寻找到相机观察对象的最佳角度。

2）画出想要实现的工件照明效果。根据检测特征要求，考虑需要实现的图像效果。例如，在背光照明时，希望被测特征边缘部分的光进入镜头用于凸显边缘细节，外背景部分的光不要进入镜头，据此画出所希望实现的照明效果。图2-53所示为实现不同检测要求时需要在某工件表面呈现的照明效果，图中右上为明场照明（高角度照明），右下为暗场照明（低角度照明）。

3）画出光学成像光路图。根据光在工件表面的反射作用，画出与照明效果相对应的光路图，使相机获得有效图像，如图2-54所示。

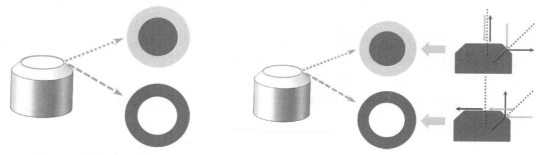

图 2-53　构思照明效果　　　　　　　　图 2-54　光学成像光路图

4）确定光源类型。考虑照射光的几何分布、物体运动和机台空间限制等，初步筛选需要用到的光源，并根据光路分析来初步确定光源的摆放位置、类型、尺寸和发光面大小等。

3. 确定光源控制方式

根据检测要求，确定光源的控制方式，如光源工作模式、开关频率等。

4. 实验测试与验证

根据光路分析的结果进行实验验证与测试，尽可能多地收集多种缺陷的样品，记录好光源的测试角度、摆放位置和曝光时间等参数，便于对照明效果进行对比。最后，从光的方向、强度、波长和偏振等角度来寻找图像对比度最大时，所对应的光源摆放位置、类型、尺寸和发光面大小等。

5. 整理指导性资料并实施

在实验测试结束后，记录照明效果最优的一组光源配置和照明方式，并形成照明系统清单、方案书及配置参数等，供设备集成商进行安装及成本评估等。

项目 2.4 3D 扫描仪认知

2.4.1 分类及原理

传统的 2D 工业相机只能记录相机视场范围内的所有物体，但其记录的数据并不包含这些物体到相机的距离，而 3D 扫描仪可以解决这一问题。3D 扫描仪通过拍摄图像来获得景深信息，从而获得目标的 3D 信息，构建 3D 模型，在工业质量控制、汽车自主导航中得到了广泛应用。常见的 3D 扫描仪有线激光扫描仪、单目结构光扫描仪、双目结构光扫描仪和飞行时间法（Time of Flight，TOF）扫描仪 4 种。

1. 线激光扫描仪

线激光扫描仪主要由激光发射器和相机组成，其外形结构如图 2-55 所示，由激光发射器发出线性激光光束投射到工件表面，通过提取采集的图像中的激光条纹中心点，计算出表面物体的深度信息，从而得出物体的三维信息。线激光扫描仪通常配合移动机构（如导轨、转台和机器人等）使用。

线激光扫描仪的工作原理为三角测量法，其原理如图 2-56 所示。在测量时，扫描仪和被测物体做相对运动，扫描仪中的相机从一个角度观察目标上的激光扫描线，并捕获从被测物体上反射回来的激光。相机每次曝光可捕获一个三维轮廓，从某种意义上来说是一个切片。激光反射回相机的不同位置，具体取决于目标与视觉传感器之间的距离。线激光扫描仪的激光发生器、相机和被测物体构成一个三角形。使用激光发生器与相机之间的已知距离和两个已知角度来计算视觉传感器与被测物体之间的距离，从而获取物体的三维信息。

图 2-55 线激光扫描仪

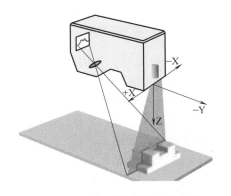

图 2-56 三角测量法原理示意图

线激光扫描仪能够提供高精度三维测量数据，且能够在较短时间内完成大范围扫描，工作效率高。但工件表面过暗或过亮时会影响扫描效果，配套使用的导轨的运动精度也会影响被测物体的最终测量结果。

2. 单目结构光扫描仪

单目结构光扫描仪由结构光发生器、振镜和相机构成，其外形结构如图 2-57 所示。单目结构光扫描仪的测量原理同为三角测量法，通过内置的振镜改变结构光投射的位置来产生与被测物体之间的相对位移。结构光发射器发射结构化光斑（通常为光栅图像）射到物体表面上，物体表面的几何形状会导致结构光光斑的形变。相机捕捉到光斑在物体上的变形图案，并将其转换为图像数据。通过分析图像中

图 2-57　单目结构光扫描仪

的形变信息，可以计算出物体表面的三维形状，从而获取物体的三维信息。

单目结构光扫描仪可以快速完成大型物体的扫描任务，且由于发射器主动投射结构化光斑在物体表面上，因此也适合在光照不足、缺乏纹理及特征的测量场合使用。但其扫描精度相对较低，易受到室外强光照的干扰而难以在室外环境使用，一般可用于测量精度要求不太高的大尺寸物品。

3. 双目结构光扫描仪

双目结构光扫描仪由结构光发射器和两台相机组成，其外形结构如图 2-58 所示。其原理与单目结构光扫描仪相似，使用第二台相机代替振镜结构，利用两台相机间的视差进行三维重建，以此获取物体的三维坐标信息。

图 2-58　双目结构光扫描仪

双目结构光扫描仪的优缺点与单目结构光扫描仪相似，相较单目结构光扫描仪而言精度更高。但由于其测量范围和基线长度（两个摄像头间距）成正比，导致无法小型化，视场范围也相对较小，适合测量尺寸较小但精度要求较高的物体。需要用于测量较大物体时，可以通过多次改变测量位置来获取各个部分的点云，并在被测物体周围粘贴标志点，实现多次测量点云的拼接。

4. TOF 扫描仪

TOF 扫描仪又称为深度相机，主要由发射器和接收器组成，其外形结构如图 2-59 所示。TOF 扫描仪的工作原理基于飞行时间法，它发射一束红外光脉冲照射到物体表面上，光脉冲被物体表面反射，并被相机接收。通过测量发射和接收之间的时间差，计算出光信号的往返时间，得到物体的深度信息，其原理如图 2-60 所示。

图 2-59　TOF 扫描仪

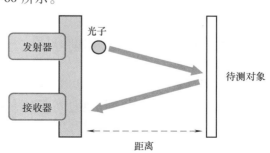

图 2-60　飞行时间法原理图

TOF扫描仪能够以较快的速度获取三维深度信息，适用于实时应用。它也具有较强的适应性，具有较大的动态范围，能够在不同亮度下准确测量距离，同时对待测物体的材质、颜色和纹理要求较低。但其测量精度相对较低，对小尺寸和高精度测量具有一定的局限性。TOF扫描仪在工业生产中常应用于机器人、室内导航等场景，可以用于场景重建、三维建模和动作距离测量等。

2.4.2 检测应用案例

3D扫描仪可以还原被测物体在三维空间中的分布情况，因此近年来被广泛应用于物体的尺寸测量，以下介绍一些3D扫描仪在工业检测中的典型应用案例。

1. 线激光扫描仪在手机中框检测中的应用

手机中框是指手机结构中的框架部分，通常由金属或塑料制成，是手机整体结构的骨架。手机中框在手机结构中起支承、固定、散热和美化外观等作用，对手机的结构稳定性、性能表现和用户体验具有重要影响。针对手机中框尺寸小、产量大、精度要求高的特性，工业生产中常采用线激光扫描仪对手机中框内台阶高度差、平整度和内长宽等进行检测，以保证屏幕和外壳的互配。此外还需要对电池仓异物、LCD仓段差及螺钉高度等进行检测，以保证其他零件与中框的互配，具体过程如图2-61所示。

 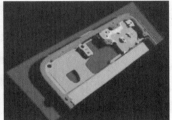 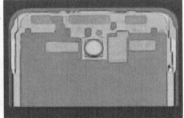

a) 扫描被测工件　　　　　　　　b) 获取三维数据　　　　　　　　c) 进行尺寸分析

图2-61　手机中框检测

2. 单目结构光扫描仪在汽车模具检测中的应用

汽车模具用于生产汽车的各种零部件（如车身、发动机零部件和底盘部件等），可用于压铸、注塑、冲压及铸造等工艺过程，实现大规模、高速、精确的汽车零部件制造，从而提高生产效率和产能。精确的模具设计和制造能够确保零部件的尺寸、形状和表面质量符合设计要求，提高零部件轮廓质量和一致性。针对汽车模具尺寸较大、对测量精度要求相对较低的特性，工业生产中常使用单目结构光扫描仪对汽车模具的外形、孔洞和凹凸等特征进行测量并与设计图样进行比对，保证汽车模具的质量与可靠性。图2-62所示为采用单目结构光扫描仪采集汽车模具的三维数据的现场操作图。

图2-62　汽车模具检测

3. 双目结构光扫描仪在航空叶片检测中的应用

航空叶片是航空发动机的关键部件，具有数量多、结构复杂以及加工难度大等特点。部分叶片长期工作于高温、高压、高转速的环境下，属于发动机中的故障易发零件，其加工质量直接关系到发动机的性能和航空器的飞行安全。针对其精度要求高的特性，采用双目结构光扫描仪对航空叶片的叶型几何误差（主要包括轮廓度、位置度和扭转误差）和叶型特征参数（主要包括弦长、中弧线、最大厚度及前后缘半径）进行测量，以保证航空叶片的生产质量。图 2-63 所示为采用双目结构光扫描仪采集叶片三维数据的现场操作图。

4. TOF 扫描仪在 AGV（Automated Guided Vehicle，自动导向车）导航与定位中的应用

AGV 在工业生产中扮演着重要的角色，它可以代替人工搬运，提高物料搬运的效率和准确性，减少人力成本和人工错误；可以协调和优化物料的流动，减少生产线上的拥堵和等待时间，提高生产效率，优化生产流程。TOF 扫描仪在 AGV 的导航与定位中发挥了关键作用，它可以测量周围环境中障碍物的距离，帮助 AGV 检测并避开障碍物，确保安全导航、避免碰撞；可以测量地面高度差异，帮助 AGV 在不同高度的地面上进行运动规划和调整，还可以提供场景中物体的三维距离信息，帮助 AGV 进行环境感知和建立地图。图 2-64 所示为 AGV 在 TOF 扫描仪的引导下在场地内行驶。

图 2-63　航空叶片检测

图 2-64　AGV 导航与定位

模块3
PROJECT 3

工业机器视觉常用算法认知

【知识目标】

1. 了解常用的数字图像处理算法。
2. 了解常用的三维点云处理算法。
3. 了解常用的深度学习算法。

【技能目标】

1. 能够根据数字图像处理算法对工业图像进行分析与处理。
2. 能够根据三维点云处理算法对工业零件的三维点云进行分析与处理。
3. 能够根据深度学习算法对工业案例进行分析与处理。

【素养目标】

1. 通过对工业领域常用的机器视觉算法的学习，初步具备一定的编程能力，培养作为算法工程师的基本素养。
2. 培养良好的安全意识和一定的创新思维能力。
3. 在与实际工业生产相一致的职业氛围中培养良好的职业道德、科学的工作方法及团队协作精神。

项目3.1　数字图像处理算法介绍

3.1.1　数字图像介绍

数字图像，又称为数码图像或者数位图像，是由模拟图像数字化后得到的、可以用计算机或数字电路进行储存和处理的图像。数字图像的基本元素为像素，像素是在模拟图像数字化时对连续空间进行离散后得到的。每个像素具有整数行和列的位置坐标，同时每个像素都具有整数灰度值或颜色值。

每张数字图像都可以视为由多个采样值组成的二维数组，根据这些采样值以及特性的不同，数字图像主要分为二值图像、灰度图像和彩色图像。二值图像指图像中每个像素的亮度值仅可以取自 0~1 的图像，如图 3-1a 所示。灰度图像中每个像素的灰度等级根据像元深度可覆盖多个等级，如图 3-1b 所示。在数字图像中，灰度图像的像元深度通常为 8 位，因此常见的灰度图像的灰度等级可以覆盖 0~255 级，其中 0 表示纯黑色，255 表示纯白色。彩色图像是由多个通道组合而成的，最常见的彩色图像为 RBG 三通道彩色图像，如图 3-1c 所示，三个通道分别代表红色、蓝色、绿色。

a) 二值图像　　　　　　b) 灰度图像　　　　　　c) 彩色图像

图 3-1　不同种类的数字图像

数字图像上的每一个像素都由坐标来确定位置，而在不同的坐标系下，同一坐标值所表示的位置也会有所不同，因此在进行数字图像处理前需要明确所使用的机器视觉处理软件的坐标系设置。例如，广东奥普特公司的 Smart3 软件的坐标系设置如图 3-2 所示，左上角为原点（0，0），向右水平方向为 x 轴正方向，向下竖直方向为 y 轴正方向，本模块在阐述设计坐标变换的内容时也会以这一坐标系为基准。

图 3-2　数字图像的坐标系

常见的图像文件格式有许多种，如 BMP、TIFF、JPEG 和 PNG 等。各个图像格式各有优缺点，有的质量好，包含信息全，占用空间大；有的压缩率高，占用空间小，图像细节有损失。机器视觉采用的图像一般是未经压缩的原始数据，因为 BMP 文件格式中包含原始的图像数据，所以常用 BMP 格式文件。

3.1.2　图像运算

图像是像素点及对应的灰度值的集合，通过运算操作各个像素点的灰度值可以改变图像的特征。如图 3-3 所示，使用黑白的掩膜（白色区域为 1，黑色区域为 0）与原图进行乘法运算，获得白色掩膜代表的工件的区域，消除背景的影响。图像运算是数字图像处理的基础，图像处理算法基于图像运算的组合。

a) 原图　　　　　　　　　　　b) 掩膜　　　　　　　　　　　c) 运算结果

图 3-3　图像逻辑运算示例

　　图像运算主要可分为数学运算、位运算与比较运算，需要通过其工作原理与期望效果来选择使用。设原图像灰度值为 g_1，常量值或输入图像的灰度值为 g_2，输出 $0 \sim 255$ 的整数。数学运算的主要操作类型有加、减、乘、除、平均值和绝对差值 6 种类型，其运算规则见表 3-1，其中加运算的效果如图 3-4 所示，通过两张图像的叠加可提高图像的亮度。

表 3-1　数学运算规则

运算类型	加	减	乘	除	平均值	绝对差值
输出值	$g_1 + g_2$	$g_1 - g_2$	$g_1 \times g_2$	$g_1 \div g_2$	$(g_1 + g_2)/2$	$\lvert g_1 - g_2 \rvert$

a) 原图　　　　　　　　　　　b) 输入图像　　　　　　　　　　c) 输出图像

图 3-4　加运算效果

　　位运算包含的操作类型主要有与、或、取反以及异或 4 种类型。位运算是将灰度值转换为二进制数后再进行的运算。设像素点 1 的灰度值为 43，转换为二进制后表达为 00101011；像素点 2 的灰度值为 115，转换为二进制后表达为 01110011，则以上 4 种位运算的运算规则及示例见表 3-2。其中在图像处理中常用的是与运算，通过与运算可以将特定的区域灰度值设置为 0，效果如图 3-5 所示，掩膜图中的黑色区域灰度值为 0，白色区域灰度值为 255，经过与原图进行与操作后，原图背景区域变成了黑色，而中间前景区域图像被提取出来，前景和背景对比更明显。

表 3-2　位运算规则

运算类型	与(&)	或(∣)	取反(~)	异或(⊕)
规则	若同一位都为 1,则运算结果的相同位取 1,否则取 0	若同一位都为 0,则运算结果的相同位取 0,否则取 1	若原位为 0,则运算结果的相同位取 1,否则取 0	若同一位数字相同,则运算结果的相同位取 0,否则取 1
输入	00101011&01110011	00101011∣01110011	~00101011	00101011 ⊕ 01110011
输出	00100011	01111011	11010100	01011000
效果	保留掩膜图像中白色覆盖的区域	保留掩膜图像中黑色覆盖的区域	使图像颜色反转	使掩膜图像中白色覆盖的区域颜色反转

a) 原图

b) 掩膜

c) 输出图像

图 3-5　与运算效果

比较运算包括的运算类型主要有较大值、较小值以及小于时清零等。其运算规则见表 3-3,其中小于时清零的效果如图 3-6 所示,此处掩膜图中的黑色区域灰度值为 0,白色区域灰度值为 255,当采用小于时清零运算时,由于原像亮度小于中间图片白色区域亮度,所以输出图像中间区域变成了黑色。

表 3-3　比较运算规则

运算类型	较大值	较小值	小于时清零	等于时清零	大于时清零
条件	$g_1 > g_2$	$g_1 < g_2$	$g_1 < g_2$	$g_1 = g_2$	$g_1 > g_2$
条件成立时输出值	g_1	g_1	0	0	0
条件不成立时输出值	g_2	g_2	g_1	g_1	g_1

a) 原图

b) 掩膜

c) 输出图像

图 3-6　小于时清零运算效果

3.1.3 图像滤波

图像在成像、传输和描述等过程中往往会受到多种信号的干扰而产生噪声，对成像质量造成影响，而图像滤波算法能够在尽量保留图像细节特征的条件下对图像中的噪声信号进行抑制，图 3-7 所示为滤波对图像质量的影响，图中的亮色斑点得到了抑制。图像滤波分为空间域滤波和频域滤波。

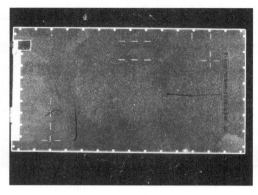 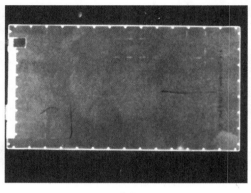

a) 滤波前
b) 滤波后

图 3-7　滤波对图像质量的影响

1. 空间域滤波

空间域滤波指的是对构成数字图像的每个像素进行处理，也就是直接对像素的值进行操作的过程。空间域滤波的关键要素是滤波核，滤波核可以视为一种模板，它包含了待处理的像素点及其周围的数个像素点，并使这些被包含在滤波核中的像素点按照某种定义进行运算，得到待处理像素点的最终像素值。根据滤波核选取的不同，空间域滤波还可分为均值滤波、高斯滤波、中值滤波以及 Canny 滤波。

（1）均值滤波　均值滤波也称为线性滤波，其采用的主要方法为邻域平均法。均值滤波的基本原理是用均值代替原图像中的各个像素值，即对待处理的当前像素点 (x, y)，求取该像素点及其邻近范围内数个像素点的灰度值的均值，其中包含的像素点的数量是由滤波核的尺寸决定的。把该均值赋予当前像素点作为处理后图像上该点的灰度值 $g(x, y)$，即 $g(x, y) = \sum f(x, y)/m$，m 为该滤波核中包含当前像素在内的像素总个数。

均值滤波的运算过程如图 3-8 所示，实例中选取了尺寸为 3×3 的滤波核，对待处理像素点及其周围 8 个邻域内的像素点进行处理。滤波核计算的基本规则是：待处理像素点及其邻近点的像素值分别与滤波核中对应位置的权重系数相乘后相加，最后除以滤波核中权重系数的总和。

均值滤波运算简单、计算速度快，但是在去噪的同时也破坏了图像的细节，从而使图像变得模糊，对椒盐噪声和高斯噪声的平滑效果也不够理想。因此均值滤波的一个重要应用是对感兴趣的区域进行粗略的描述，它可以与动态阈值分割算法配合使用，对光线不均匀的图像进行二值化。

（2）高斯滤波　高斯滤波是一种线性平滑滤波，适用于消除高斯噪声。高斯滤波核的

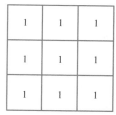

a) 待处理像素点及其领域

b) 均值滤波核

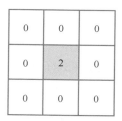

c) 处理后像素值

图 3-8 均值滤波计算

计算规则与均值滤波核一致，其与均值滤波核的不同之处在于，滤波核内的权重分布是对高斯函数进行了模拟，具有对称性且数值由中心向四周不断减小。图 3-9 所示为两种高斯函数的滤波核。

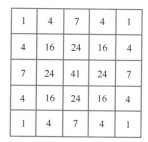

a) 3×3，总权重系数为16

b) 5×5，总权重系数为273

图 3-9 高斯滤波核

（3）中值滤波 中值滤波是一种非线性平滑滤波，其滤波核计算规则与均值滤波和高斯滤波有所不同。在滤波核范围内的像素点按像素值从大到小进行排列，选取对应的中值作为处理后图像上该点的灰度值。中值滤波可以去除孤立线或点，在处理椒盐噪声方面有很好的效果，但对高斯噪声的平滑效果不如高斯滤波。

（4）Canny 滤波 当需要关注图像中的边缘信息而非纹理信息时，可以使用 Canny 算子对图像边缘进行突出。Canny 算子通过判断图像中灰度变化的梯度来对边缘进行初步筛选，然后采用滞后阈值的方式对初步筛选的结果进行跟踪，避免将没有组成连续虚线的噪声像素当成边缘。Canny 算子的滤波效果如图 3-10 所示。

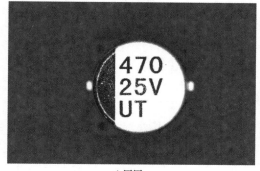

a) 原因

b) 滤波后

图 3-10 Canny 算子滤波效果

2. 频域滤波

频域滤波是采用傅里叶变换将图像从空间域变换到频率域，在频率域对图像进行滤波，最后采用傅里叶逆变换将图像从频率域转换回空间域，从而对图像效果进行增强。该处理过程如图 3-11 所示。

图 3-11　频域滤波过程

其中 $f(x,y)$ 为原图，$F(u,v)$ 为 $f(x,y)$ 频率域正变换的结果，$H(u,v)$ 为频率域中的修正函数，也称滤波器；$G(u,v)$ 为滤波修正后的结果，$g(x,y)$ 为 $G(u,v)$ 逆变换后的结果，即增强后的图像。对于在频域中修正前的图像 $F(u,v)$ 和修正后的图像 $G(u,v)$，存在如下关系：

$$G(u,v) = F(u,v)H(u,v) \tag{3-1}$$

频率域滤波的好处是：将空间域中复杂的卷积滤波操作转换为频率域中简单的乘积计算。

（1）低通滤波　低通滤波是一种抑制图像频谱的高频信号而保留低频信号的滤波方式。低通滤波器可以起突出背景、平滑图像的作用，常用的低通滤波器包括理想低通滤波器、巴特沃斯低通滤波器、指数低通滤波器和梯形低通滤波器等。其中，理想低通滤波器的传递函数表示如下：

$$H(u,v) = \begin{cases} 1, D(u,v) \leqslant D_0 \\ 0, D(u,v) > D_0 \end{cases} \tag{3-2}$$

式中，D_0 表示理想低通滤波器的截止频率，即图像频谱中 $\leqslant D_0$ 的部分都将予以保留，而 $> D_0$ 的部分将会予以滤除。图 3-12 所示为低通滤波的效果。

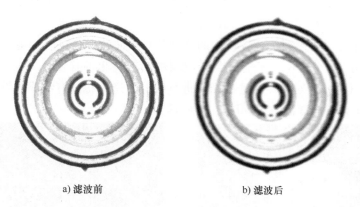

a) 滤波前　　　　　　　　　　　　b) 滤波后

图 3-12　低通滤波前后的图像对比

理想低通滤波器的平滑效果较为明显，但随着 D_0 值变小，其处理后图像的模糊程度会更加严重。

（2）高通滤波　高通滤波是一种抑制图像频谱的低频信号而保留高频信号的滤波方式。高通滤波器可以起到锐化并突出图像边缘的作用，常用的高通滤波器包括理想高通滤波器、巴特沃斯高通滤波器、指数高通滤波器和梯形高通滤波器等。其中，理想高通滤波器的传递函数表示如下：

$$H(u,v) = \begin{cases} 0, D(u,v) < D_0 \\ 1, D(u,v) \geq D_0 \end{cases} \tag{3-3}$$

式中，D_0 表示理想高通滤波器的截止频率，即图像频谱中 $<D_0$ 的部分将予以滤除，而 $\geq D_0$ 的部分将会予以保留。图 3-13 所示为高通滤波的效果。

a) 滤波前   b) 滤波后

图 3-13　高通滤波前后的图像对比

3.1.4　图像基本变换

有时需要对图像的位置进行一定处理，使它符合检测的需求，这时需要用到图像的基本变换。通过对图像的位置进行改变，可以使图像更便于观察，并初步突出目标特征。

1. 图像平移变换

图像平移变换是指将图像中的所有像素同时沿着同一水平/竖直方向进行移动。设图像中某一像素点的坐标为 (x_0, y_0)，则经过平移变换后的坐标 (x, y) 为

$$\begin{cases} x = x_0 + \Delta x \\ y = y_0 + \Delta y \end{cases} \tag{3-4}$$

式中，Δx 和 Δy 分别表示该像素点在 x 方向和 y 方向上移动过的距离。图像平移的效果如图 3-14 所示，其中的图像沿 x 方向移动了 3 个像素，然后再沿 y 方向移动了 1 个像素。

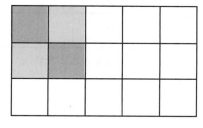 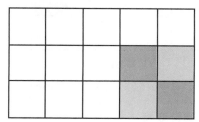

a) 原图   b) 平移后的效果

图 3-14　图像平移

2. 图像镜像变换

图像镜像变换是指将图像整体沿着某一条轴线进行翻转的变换，常用的镜像变换为水平镜像变换和垂直镜像变换。设图像上一点的像素坐标为 (x_0, y_0)，水平镜像变换即保持像素点的纵坐标不变，对横坐标进行取反，镜像后该像素点的坐标变为 $(-x_0, y_0)$。机器视觉处理软件中，图像的坐标一般是从 $(0, 0)$ 开始增加的，没有负数，因此一般的计算思路是：先将横坐标取反后，再将图像进行平移。设一图像的水平方向长度为 M，竖直方向长度为 N，则对于图像上一像素点 (x_0, y_0)，其经过水平镜像变换后的坐标 (x, y) 有

$$\begin{cases} x = M - 1 - x_0 \\ y = y_0 \end{cases} \tag{3-5}$$

水平镜像变换的效果如图 3-15 所示。

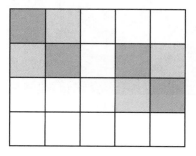 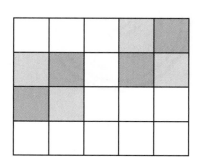

a) 原图　　　　　　　　　　　　　　b) 水平镜像变换后的效果

图 3-15　水平镜像变换

垂直镜像变换与水平镜像变换同理，设一图像的水平方向长度为 M，竖直方向长度为 N，则对于图像上一像素点的坐标为 (x_0, y_0)，经过垂直镜像变换后的坐标 (x, y) 有

$$\begin{cases} x = x_0 \\ y = N - 1 - y_0 \end{cases} \tag{3-6}$$

垂直镜像变换的效果如图 3-16 所示。

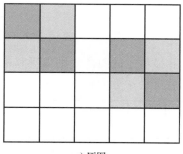 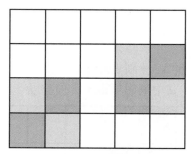

a) 原图　　　　　　　　　　　　　　b) 垂直镜像变换后的效果

图 3-16　垂直镜像变换

3. 图像旋转变换

图像旋转变换是指以图像中的某点为旋转原点，按照顺时针或逆时针方向将图像整体旋转一定的角度。设图像上一像素点的坐标为 (x_0, y_0)，则该点以图像原点作为旋转原点，

顺时针旋转 θ 角度的理论坐标变换公式为

$$\begin{cases} x = x_0\cos\theta + y_0\sin\theta \\ y = -x_0\sin\theta + y_0\cos\theta \end{cases} \tag{3-7}$$

需要指出的是，由于数字图像中像素点的坐标均为整数，相邻的像素之间只能有 8 个方向，而需要进行旋转的角度可能是任意的，这会使旋转后像素点之间的关系往往不再符合原有的相邻关系。此外，经旋转后的图像会出现许多空洞点，可采用差值的方式对空洞点进行填补，常见的插值法有近邻插值法和均值插值法。近邻插值法是将被判断为空洞点的像素使用其同一行或列中的相邻像素进行填充，均值插值法是将空洞点像素用其相邻四个像素的平均灰度值作为像素值来填充。

在进行旋转变换之后，计算得到的新的像素点值有可能超过原图像所在的空间范围，为了避免信息的丢失，应当根据计算结果创建尺寸更大的画布，并将计算结果转移到新的画布上，如图 3-17 所示。

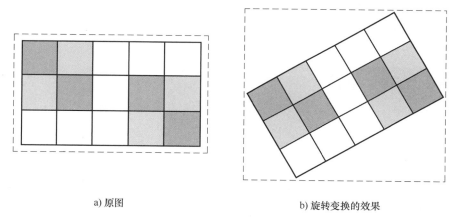

a) 原图　　　　　　　　　　b) 旋转变换的效果

图 3-17　旋转变换对画布尺寸的影响

3.1.5　图像灰度信息

图像的灰度信息是指图像中每个像素的灰度级及其分布。通过灰度信息可以分析图像的亮度分布、对比度和纹理等特征。常见的图像处理任务（如边缘检测、图像增强和物体识别）都可以基于灰度信息进行。

1. 灰度直方图

灰度直方图是关于灰度级分布的函数，是对图像中灰度级分布的统计。灰度直方图是将数字图像中的所有像素，按照灰度值的大小，统计其出现的频率。灰度直方图是灰度级的函数，它表示图像中具有某种灰度级的像素的个数，反映了图像中某种灰度出现的频率。图 3-18 所示为 4 种图像的灰度直方图，其中横坐标表示灰度等级，纵坐标表示某一灰度等级的像素点的个数，也表征了该灰度等级出现的频率。

可以看出，图像较暗时，灰度直方图集中在灰度较低的一侧；图像较亮时，灰度直方图

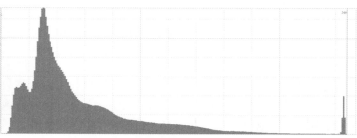

a) 高对比度图像

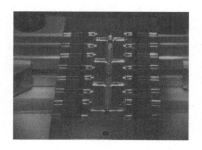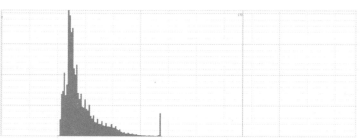

b) 低对比度图像

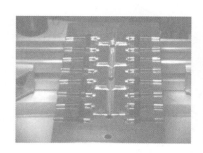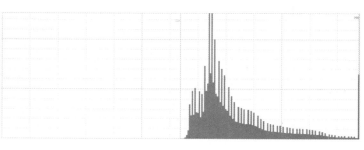

c) 亮图像

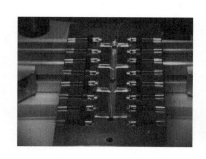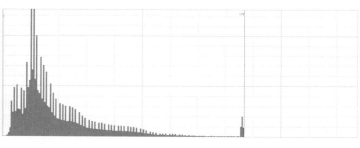

d) 暗图像

图 3-18　4 种灰度区间的图像及其灰度直方图

集中在灰度较高的一侧。图像对比度较大时，灰度直方图的灰度等级分布更广，对比度小时灰度分布更加集中。

2. 阈值分割

　　阈值分割是将图像中灰度等级满足要求的部分分离出来，主要可以分为全局阈值分割和动态阈值分割。全局阈值分割又称二值化，即将整幅图像都采用一个固定的阈值范围进行分割，分割后的图像只有 0 和 255 两种像素值，非黑即白。二值化实现简单，可以通过观察图像的灰度直方图，选取一个感兴趣的阈值区间，设其下限为 G_{down}，上限为 G_{up}，设图像中某一处像素的灰度值为 G，如果 G 在该阈值区间，则将 G 置为 255；若 G 不处于该阈值区间，则置为 0。二值化的变化函数如下：

$$G_{new} = \begin{cases} 0, G < G_{down} \\ 255, G_{down} \leqslant G \leqslant G_{up} \\ 0, G > G_{up} \end{cases} \qquad (3-8)$$

图 3-19 所示为图像二值化的效果，通过二值化将主要关注的区域分离出来。

 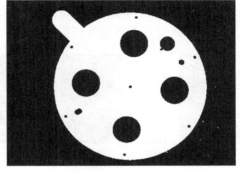

a) 原图   b) 二值化后

图 3-19 全局阈值分割效果展示

有时由于图像的背景并不均匀，难以确定全局阈值，全局阈值的方法则不再适用，此时可以通过动态阈值分割对图像局部的阈值进行分割。动态阈值分割是指在图像分割的过程中，不用人为地设置阈值，而是根据图像中存在的特征进行分割。动态分割的原理一般是将原图像与处理后的图像作差，然后去计算差值图像中的亮色区域或者暗色区域。其本质相当于对图像灰度直方图的平滑处理，进而求取图像中的波谷或者波峰。动态阈值分割具有抗干扰性强、稳定性强的特点，对光照变化不敏感。

图 3-20 所示为动态阈值分割和全局阈值分割之间的差异。全局阈值分割能够对图像中灰度值较高的部分进行分割，但灰度值较低的字符区未被分割出来，动态阈值分割则较好地将字符部分独立地分割出来。

a) 原图   b) 全局阈值分割效果   c) 动态阈值分割效果

图 3-20 全局阈值分割和动态阈值分割的对比

3. 颜色

颜色特征是一种全局特征，描述了图像或图像区域对应的物体表面性质。颜色的主要描述方法为颜色直方图，其与灰度直方图类似，能简单描述一幅图像中颜色的全局分布，即不同色彩在整幅图像中所占的比例，特别适用于描述那些难以自动分割的图像和不需要考虑物体空间位置的图像。其缺点是，无法描述图像中颜色的局部分布及每种色彩所处的空间位置，即无法描述图像中某一具体的对象或物体。

在机器视觉中，通常直接对灰度图而非彩色图进行处理。当需要对某种颜色的对象进行提取时，会选择将图像转变到某一颜色空间下或提取当前颜色空间的单通道分量。常见的颜色空间为 RGB 空间，RGB 图像是三通道图像，其 3 个通道分别代表图像在红色、绿色和蓝色的分量，如图 3-21 所示。红色、绿色、蓝色分别在 R、G、B 3 个通道下表现出更高的灰度值，因此可以对单通道数据进行处理提取对应特征。

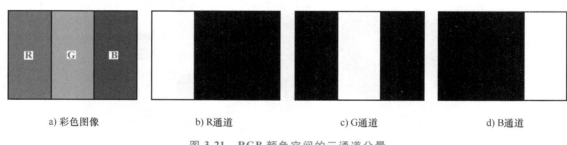

a) 彩色图像　　　　　　b) R通道　　　　　　c) G通道　　　　　　d) B通道

图 3-21　RGB 颜色空间的三通道分量

4. 纹理

纹理特征是一种全局特征，它描述了图像或图像区域所对应物体的表面性质。由于纹理只是一种物体表面的特性，并不能完全反映出物体的本质属性，所以仅仅利用纹理特征是无法获得高层次图像内容的。与颜色特征不同，纹理特征不是基于像素点的特征，需要在包含多个像素点的区域中进行统计计算。

统计方法的典型代表是一种称为灰度共生矩阵的纹理特征分析方法，即所有估计的值可以表示成一个矩阵的形式，因此被称为灰度共生矩阵。对于纹理变化缓慢的图像，其灰度共生矩阵对角线上的数值较大；而对于纹理变化较快的图像，其灰度共生矩阵对角线上的数值较小，对角线两侧的值较大。通过这种方式可以对图像中具有相似纹理的部分进行提取。

3.1.6　图像形态学

形态学是图像处理中应用最为广泛的技术之一，主要用于从图像中提取对表达和描绘区域形状有意义的图像分量，使后续的识别工作能够抓住目标对象最为本质的形状特征，如连通区域、边界等。

1. 连通性分析

通过阈值分割得到像素点的集合称为区域。区域之间的关系分为连通和分离。相互连通区域之间存在联系，在后续的形态学处理中需要对其进行处理和分析，因此如何判断区域之间的连通性显得尤为重要。

区域是否连通要通过邻域进行判断。邻域指的是图像中一个像素点周围的区域，如

图 3-22 所示，有四邻域和八邻域之分。当两个区域存在公共像素点，则可以说这两个区域是连通的。

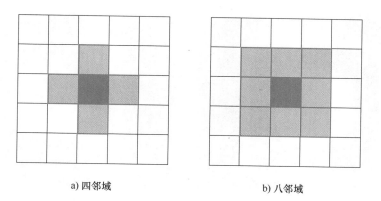

a) 四邻域　　　　　　　　　　　b) 八邻域

图 3-22　像素的邻域

连通性分析中常用的方法为种子填充法和两次遍历法，这里对种子填充法的思路进行简要介绍。种子填充法需要选择一个像素点作为种子，从这一种子像素点开始向邻域周围搜索，发现有相等灰度值的像素点时，将其标记为相同的序号，然后继续在被标记为相同序号的像素点邻域进行搜索。直到所有序号相同的像素点邻域周围都没有相同灰度值的点后，这些序号相同的像素点的集合就可以视为一个连通区域。然后再以其他的像素点作为种子，继续搜索下一个连通区域。种子填充法的示意如图 3-23 所示。

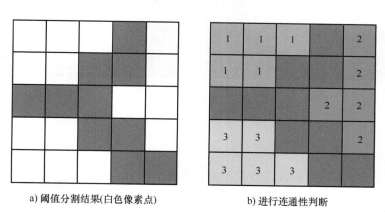

a) 阈值分割结果(白色像素点)　　　　b) 进行连通性判断

图 3-23　种子填充法示意图

2. 腐蚀与膨胀

腐蚀与膨胀是形态学处理中较为基本的算法。腐蚀是指消除目标的边界点，使目标的边界向内部收缩。从图 3-24 所示的对比效果图中可以看出，原图的白色方形轮廓框比较粗，而经过腐蚀后变细了，这就是边界向内部收缩的过程。原图上有很多白色小噪声干扰，经过腐蚀后基本消失。

膨胀的效果与腐蚀相反，简单理解就是将与物体接触的所有背景点合并到该物体中，使边界向外部扩张的过程。从图 3-25 所示的对比效果图中可以看出，原图中间有划痕和白色孔洞，而经过膨胀后消失，这就是边界向外部扩张的过程，说明膨胀可有效填补划痕、孔洞等缺陷。

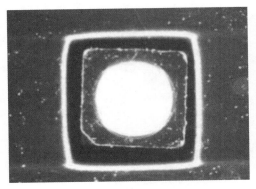 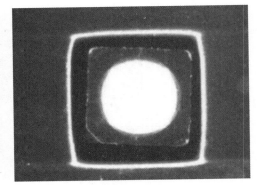

a) 原图 　　　　　　　　　　　　　　　　b) 腐蚀效果图

图 3-24　图像的腐蚀

a) 原图 　　　　　　　　　　　　　　　　b) 膨胀效果图

图 3-25　图像的膨胀

3. 开运算与闭运算

当使用膨胀或者腐蚀对图像进行处理时，如果结构元素过大，会造成图像严重的形态失真。为了保持图像较好的原始形态，可以使用开运算或者闭运算。开运算就是先腐蚀后膨胀的过程，闭运算就是先膨胀后腐蚀的过程，两者的具体效果如图 3-26 所示。

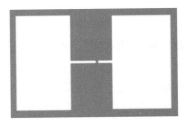  

a) 原图 　　　　　　　　b) 开运算迭代3次 　　　　　　　c) 闭运算迭代3次

图 3-26　开运算与闭运算

由图中的运算结果可以看出，开运算具有断开狭窄的间断和消除细的突出物的功能，闭运算具有填充物体细小空间、消除缝隙、连接邻近物体的功能。

4. 形态学边缘

图像中区域的边缘可以通过形态学处理的方式来提取。使用膨胀后的图像减去腐蚀后的图像便可以得到区域的边缘。如图 3-27 所示，垫片的原始图像（图 3-27a）经过形态学处理后，得到了图 3-27b 所示的边缘轮廓图。

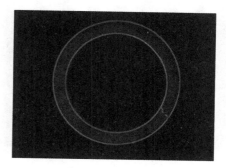

a) 原图　　　　　　　　　　　　　　　b) 形态学处理得到的边缘轮廓图

图 3-27　基于形态学处理的边缘提取

3.1.7　图像特征

图像特征主要有颜色特征、纹理特征和形状特征，其中形状特征涵盖的类别相对较多，这里着重介绍几何形状、中心线与骨架特征的提取。

1. 几何形状

图像中的部分特征会呈现为常见的几何形状，如圆形的孔洞、直线的划痕等，可以通过霍夫变换的方式对这些几何形状特征进行提取。霍夫变换是一种在图像中寻找直线、圆形以及其他简单形状的方法。霍夫变换采用类似于投票的方式来获取当前图像内的形状集合，该变换于 1962 年首次被提出。最初的霍夫变换只能用于检测直线，经过发展后，霍夫变换不仅能够识别直线，还能识别其他简单的图形结构，常见的有圆、椭圆等。实际上，只要是能够用一个参数方程表示的对象，都适合用霍夫变换来检测。下面主要介绍霍夫直线变换的原理，其他形状的霍夫变换原理与之类似。

霍夫直线变换的原理是将待测对象的参数方程从 x-y 坐标空间转换到参数空间 a-b 中，在图像坐标空间中通过点 (x_i, y_i) 和点 (x_j, y_j) 的直线上的每一点在参数空间 a-b 上各自对应一条直线，这些直线都相交于点 (a_0, b_0)，而 a_0、b_0 就是图像坐标空间 x-y 中点 (x_i, y_i) 和点 (x_j, y_j) 所确定的直线的参数。反之，在参数空间相交于同一点的所有直线，在图像坐标空间都有共线的点与之对应。根据这个特性，给定图像坐标空间的一些边缘点可以通过霍夫变换确定连接这些点的直线方程。

2. 中心线

中心线的提取常用于道路检测、扫描仪和管道检测等。常见的中心线提取方法有区域中心法、灰度重心法和 Steger 算法。区域中心法是在求取区域的边缘之后，通过计算两侧边缘的中点作为中心线上追踪点的方法；灰度重心法是通过计算目标位置的灰度分布并求出灰度权重质心的坐标作为中心线上追踪点的方法；Steger 算法是目前使用最广泛的线结构光条纹中心提取算法之一，该算法基于黑塞矩阵可得到图像中光条纹的法线方向。

Steger 算法的提取效果如图 3-28 所示。该方法具有精度高、稳定好等优点，可以获得亚像素级精度的中心线，但是黑塞矩阵对图像求方向导数的过程运算量巨大，无法实现光条纹中心实时提取的效果。

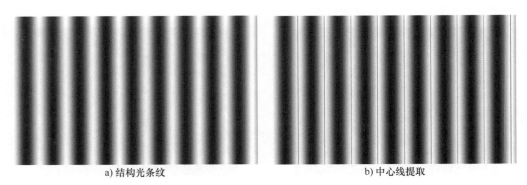

a) 结构光条纹　　　　　　　　　　　　b) 中心线提取

图 3-28　Steger 算法提取效果

3. 骨架

图像的骨架特征可以简单地理解为图像的中轴。骨架虽然从原来的物体图像中去掉了一些点，但仍然保持了原来物体的结构信息。骨架提取技术可以用于压缩图像，用在图像识别中可以降低计算量。

骨架的获取主要有两种方法，一种是火烧模型，即图像的四周被相同火势点燃，燃烧速度一致，火势由图像四周向内部燃烧时，火焰相与处即为骨架；另一种是最大圆盘法，最大圆盘为完全包含在物体内部并且与物体边界至少有两个切点的圆，而骨架就是由目标内所有内切圆盘的圆心组成的，如图 3-29 所示。

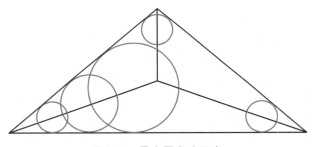

图 3-29　最大圆盘法示意

如图 3-30 所示，通过二值化提取其主要区域之后，求取该区域的骨架线并对骨架线进行分析，用于检测零件中是否存在损坏的区域。

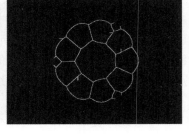

a) 原图　　　　　　　　　　b) 二值化　　　　　　　　　　c) 获得骨架线

图 3-30　区域的骨架提取

3.1.8　图像配准

图像配准就是将不同时间、不同传感器或不同条件下（天候、照度、摄像位置和角度等）获取的两幅或多幅图像进行匹配的过程。当待测对象的体积过大，相机的视野范围无法满足时，可以在图像配准的基础上对多幅图像进行拼接，从而获得待测对象的整体图像。此外，在双目视觉成像中，有时也需要通过图像配准的方式获取左右相机对应特征点，从而对拍摄到的物体进行三维重建。

图像配准技术的流程如下：首先对两幅图像进行特征提取得到特征点，通过进行相似性度量找到匹配的特征点对，然后通过匹配的特征点对得到图像空间坐标变换参数，最后由坐标变换参数进行图像配准。特征提取是配准技术中的关键，准确的特征提取为特征匹配的成功进行提供了保障。因此，寻求具有良好不变性和准确性的特征提取方法，对于匹配精度至关重要。

下面介绍一种经典的特征点提取及匹配算法——SIFT算法。尺度不变特征转换（Scale-Invariant Feature Transform，SIFT）用来侦测与描述影像中的局部性特征，它在空间尺度中寻找极值点，并提取其位置、尺度及旋转不变量。SIFT算法主要分为以下4个步骤：

1）尺度空间极值检测。搜索所有尺度上的图像位置，识别潜在的对于尺度和旋转不变的目标点。

2）关键点定位。在每个候选位置上，通过一个拟合精细的模型来确定位置和尺度。关键点的选择根据它们的稳定程度，在关键点定位步骤中会剔除低对比度的候选点和边缘候选点。

3）方向的确定。基于图像局部的梯度方向，分配给每个关键点位置一个或多个方向。所有后面的对图像数据的操作都相对于关键点的方向、尺度和位置进行变换，从而使得这些变换具有很好的不变性。不变性指当匹配对象发生尺度、视角、旋转、光照等变化时，匹配算法仍能够最大程度地不受影响。

4）关键点描述。在每个关键点周围的邻域内，在选定的尺度上测量图像局部的梯度。这些梯度被变换成一种描述子，这种描述子允许比较大的局部形状的变形和光照变化。

在待配准的两幅图像的描述子生成后，即可将两图中的各个描述子进行配准，获得配准后的特征点对。SIFT算法的配准效果如图3-31所示，连线两端点为配准的特征点对。

图3-31　SIFT算法配准效果

项目3.2 三维点云处理算法介绍

3.2.1 点云简介

点云是空间中点的数据集，可以表示三维形状或对象，通常由三维扫描仪获取。点云中每个点的位置都由一组笛卡儿坐标（x，y，z）描述，有些还含有色彩信息或物体反射面强度信息。

根据点云的不同应用需求，其来源呈现多样化的特征，常见的获取方法有三维激光扫描和相机扫描。三维激光扫描是通过发射激光来获取点云数据，若将激光束按照某种轨迹进行扫描，便会边扫描边记录到反射的激光点信息，用这种方法获得的点云一般具有三维空间坐标值和激光反射强度这两种信息。相机扫描是通过摄影测量原理获得点云的，一般具有三维空间坐标值以及颜色信息。

点云根据点与点之间的间距差异可以进行细分，通常使用三维激光扫描仪或照相式扫描仪得到的点云数量比较大且比较密集，称为密集点云；而通过三坐标测量机等接触式测量手段所得到的点云数量较少，点与点的间距也比较大，称为稀疏点云。此外，按照点云的获取途径还可以分为静态点云、动态点云和动态获取点云三类。静态点云指物体是静止的，获取点云的设备也是静止的；动态点云指物体是运动的，但获取点云的设备是静止的；动态获取点云指获取点云的设备是运动的。

3.2.2 点云精简

点云精简是指在精度允许的情况下减少点云数据的数据量，提取有效信息，精简效果如图3-32所示。点云精简一般分为两种：去除冗余与抽稀简化。冗余数据是指在数据配准之后，存在重复区域的数据，这部分数据多为无用数据，对建模的速度以及质量有很大影响，因此要予以去除。抽稀简化是指扫描的数据密度过大，数量过多，其中一部分数据对于后期分析用处不大，所以在满足一定精度以及保持被测物体几何特征的前提下对点云数据进行精

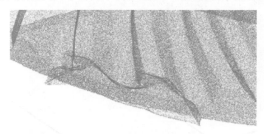

a) 精简前   b) 精简后

图3-32 点云精简

简，以提高数据的操作运算速度与效率。点云精简的方法较多，这里主要介绍常用的均匀精简方法和曲率适应性精简方法。

1. 均匀栅格精简

均匀栅格精简适用于简单曲面，其主要思想是构建一个覆盖所有测点的包围盒，按照设定栅格大小或精简比例，在分割后的栅格中选取采样点。如图3-33所示，对点云进行栅格划分后，将同一栅格内所有点的重心作为采样点。通过改变栅格的边长 a 可以改变栅格的大小，从而控制精简后点云的规模。

2. 曲率适应性精简

曲率适应性精简主要用于具有高低曲率特征、薄壁特征的曲面。根据点云局部的法矢量变化和平均曲率的变化对精简参数进行自适应的调整，在曲面平坦的低曲率区域保

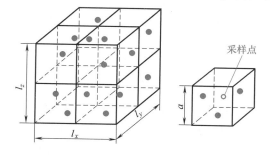

图 3-33　建立长方体包围盒并计算唯一采样点

留均匀的点云，在曲面高曲率区域保留相对密集的点云。曲率适应性精简能使曲面结构特征得到保持，相较于均匀栅格精简更有优势。

3.2.3 点云滤波

点云滤波用于去除噪声点、平滑点云等。采集后的点云常会包含噪声数据，点云噪声数据一方面来自设备，例如，用扫描仪、深度相机等设备获取点云数据时，设备扫描精度、电磁波衍射特性等都会引入噪声。另一方面来自环境因素带来的影响，如被测物体表面性质发生变化。

噪声数据会使局部点云特征（如表面法线或曲率变化）的估计复杂化，可能导致点云配准失败，对后续操作的影响比较大，而且这些噪声数据造成的误差还会随着积累进行传导，因此在对点云数据进行分析处理前需要通过滤波来消除噪声数据。下面介绍4种常用的点云滤波方法。

1. 统计滤波器

统计滤波器用于去除明显离群点。离群点是指在空间中分布稀疏的点，考虑到离群点的特征，可以定义若某处点云密度小于某一阈值时，则将该点云视为无效的离群点云。计算点云中每个点到其最近数个点的平均距离，则点云中所有点的距离应构成高斯分布。根据给定均值和方差可剔除离群点。

2. 半径滤波器

半径滤波器的工作原理是根据空间点半径范围临近点数量进行滤波。即在点云数据中，设定每个点一定半径范围内周围有足够多的邻近点，不满足就会被剔除。因为空间点的坐标已知，所以可以方便地计算某个点与周围所有点的距离，并通过直接指定具体的距离阈值进行筛选，该方法对于三维建模很实用。图3-34所示为半径滤波器的筛选示意图，假设大圈的半径为 d，然后指定该半径内至少有1个邻近点，那么图中点1将从点云中删除；如果指定了半径内至少有2个领近点，那么点1和点2都将从点云中删除。

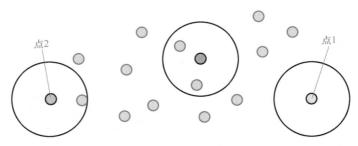

图 3-34　半径滤波器的筛选示意图

3. 高斯滤波器

高斯滤波器是一种非线性滤波器，采用加权平均的方式。在指定域内的权重是根据欧式距离的高斯分布，通过权重加权平均的方式得到当前点滤波后的点。高斯滤波的主要特点是平滑效果较好，但是目标点云边缘角点也会被进行一定的平滑处理，可能会导致这些区域的信息丢失。

4. 双边滤波器

双边滤波器是一种非线性滤波器，是结合图像空间邻近度和像素值相似度的一种折中处理，同时考虑了空域信息和灰度相似性，达到了保边去噪的目的，具有简单、非迭代以及局部处理的特点。双边滤波器的主要优点是：它可以达到保持边缘、降噪平滑的效果，对处理高斯噪声效果比较好，在一定程度上弥补了高斯滤波的缺点。其主要缺点是对于彩色图像中高频噪声的去噪效果不佳。

3.2.4　点云匹配

点云匹配又称配准、对齐、拼合或定位，其本质是通过计算三维空间的刚体变换参数，建立点云—设计模型、点云—点云之间的空间位姿关系，用于曲面误差计算、加工余量分配以及机器人加工定位等。点云匹配根据处理阶段可分为粗匹配和精匹配，精匹配的准确度高，但效率低下。可先利用效率高但精度低的粗匹配为精匹配提供一个比较好的初始位置，从而缩短精匹配迭代计算所需的时间。点云匹配方法较多，不同方法在匹配速度、匹配稳定性方面各有优劣。下面介绍用于粗匹配的 4PCS 算法、用于精匹配的迭代最近点（Iterative Closest Point，ICP）算法和方差最小化匹配算法。

1. 4PCS 算法

4PCS（4-Points Congruent Sets）算法是计算机图形学中一种流行的配准工具。给定两个点集 P、Q，首先在点集 P 中随机选择 3 个点，再根据点集 P、Q 的重叠比例 f 选择距离其他 3 个点足够远的第 4 个共面点，组成共面四点基 B；然后根据仿射不变比从点集 Q 中提取出所有在一定距离 δ 内可能与 B 相符合的 4 点集合 $U = U_1$，U_2，$U_3 \cdots$，对任一 U_i，通过 B 和 U_i 的关系计算刚性变换 T；根据重叠比例测试 L 组不同的基，当 P 中恒定数量的随机采样点在 Q 中有足够多的对应点时，即得到完成粗配准的最佳刚性变换矩阵 T_{best}。

2. ICP 算法

ICP 算法是一种以点集对点集配准方法为基础的曲面拟合算法，是一种基于四元数的点集到点集配准方法。ICP 算法的基本原理是：分别在待匹配的目标点云 P 和源点云 Q 中，按照一定的约束条件，找到最邻近点 p_i、q_i，然后计算出最优匹配参数 R 和 t，获得最优刚体变换参数 $g(R，t)$，使误差函数最小。误差函数为 $E(R，t)$：

$$E(R,t) = \frac{1}{n} \sum_{i=1}^{n} \| q_i - (Rp_i + t) \|^2 \tag{3-9}$$

式中，n 为最邻近点对的个数，p_i 为目标点云 P 中的一点，q_i 为源点云 Q 中与 p_i 对应的最近点，R 为旋转矩阵，t 为平移向量。ICP 算法的关键问题是初值的选取，初值的选取直接影响最后的匹配结果，如果选取不当，算法就有可能陷入局部最优值，无法计算出最佳刚体变换矩阵。此外，初值选取不当也会导致 ICP 计算的迭代时间过长，严重影响计算效率，因此在进行 ICP 精匹配前需要进行粗匹配。

3. 方差最小化匹配算法

上述的 ICP 算法是一种以点云到曲面距离平方和最小化为目标的匹配方法，但绝对距离平方最小化使得测点匹配过程倾向于满足高密度点云、有测量数据区域靠近曲面设计模型（图 3-35），最终可能导致匹配失真。受光学传感器测量范围、测量景深以及曲面结构复杂性影响，往往需要多次多角度扫描工件，很容易出现测量的点云密度不均、局部缺失和层叠等现场测量缺陷。为此下面介绍一种基于方差最小化原理的匹配方法，有助于解决含固有测量缺陷的复杂曲面匹配失真问题。

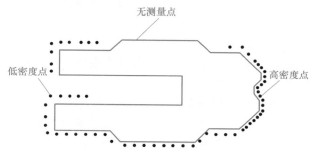

图 3-35　匹配后高密度点云区域和有测量
数据区域靠近曲面设计模型

方差最小化匹配的目标函数定义为

$$\min F(R,t) = \frac{1}{m} \sum_{i=1}^{m} (d_i - \bar{d})^2 \tag{3-10}$$

式中，符号 d_i 表示移动点 p_{i+} 到切平面 Γ_i 的垂直距离，对应图 3-36 中所示的 $p_{i+}a$，符号 $\bar{d}$ 表示 d_i 的均值。该目标函数是以所有点云到对应切平面有向距离组成样本的方差最小化为目标计算 R 和 t，有利于保持匹配后所有测点与曲面设计模型最近距离的一致性，克服了 ICP 算法采用绝对距离平方最小化导致的高密度点云倾斜问题，有利于避免陷入局部最优和匹配失真，计算出最佳刚体变换矩阵。

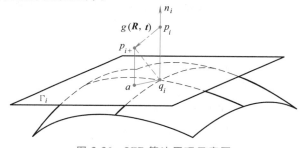

图 3-36　ICP 算法原理示意图

3.2.5 点云分割

点云分割是通过人为设计提取特征或者利用几何关系进行约束，将原始三维点云分组为非重叠的点云区域，这些点云区域对应于一个场景中的特定结构或特定对象。由于这种分割过程不需要有监督的先验知识，因此所得到的结果没有很强的语义信息。点云分割方法主要分为4类：基于边缘的分割、基于区域的分割、基于模型拟合的分割和基于聚类的分割。

1. 基于边缘的分割

边缘是描述点云物体形状的基本特征，基于边缘的分割方法通过检测点云的边缘来分割点云区域。点云的边缘可以通过点云表面梯度的变化来判断和获取，通过计算梯度可以得到点云表面单位法向量的方向变化，一般而言，法向量方向产生较大突变的位置就可以认为是边缘点所在处，如图 3-37 所示。将边缘点进行拟合，拟合得到的空间线就是边缘线，最后基于边缘线对点云进行分割。基于边缘的分割方法虽然分割速度快，但容易受噪声影响，有时难以准确提取边缘。

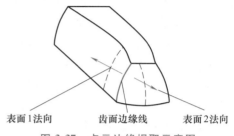

表面1法向　　　齿面边缘线　　　表面2法向

图 3-37　点云边缘提取示意图

2. 基于区域的分割

基于区域的分割方法使用邻域信息将具有相似属性的附近点归类，以获得分割区域，并区分出不同区域之间的差异性。基于区域的分割方法比基于边缘的分割方法更准确，但是他们在分割过度或不足以及在如何准确确定区域边界方面都存在问题，同时这些方法也需要大量的先验知识（如对象模型、区域数量等）。这里主要介绍种子区域方法和非种子区域方法。

种子区域方法通过选择多个种子点来分割，以这些种子点为起始点，通过添加种子的邻域点的方式逐渐形成点云区域，主要包含两个步骤：首先基于每个点的曲率识别种子点，然后根据预定标准来生长种子点，该标准可以是点的相似度和点云表面的相似度。种子生长法对噪声点敏感且计算耗时大。种子区域方法高度依赖于选定的种子点，选择不准确的种子点会影响分割过程，并可能导致分割不足或过度分割，同时选择种子点以及控制生长过程耗时也比较高。

非种子区域方法的过程与种子区域方法相反，是一种自上而下的方法。首先将点云视为一个整体，此时所有点都包含在这个整体区域中，然后开始执行细分过程，根据给定条件将整体区域划分为多个小的细分区域，以此完成分割。非种子区域方法的主要难点是如何决定细分的位置和方式。

3. 基于模型拟合的分割

基于模型拟合的分割方法是通过几何形状（如球形、圆锥、平面和圆柱）对点云进行分组，具有相同的数学表示的点将被分割为同一组点。这一方法目前通过引入随机样本一致算法（Random Sample Consensus，RANSAC）检测直线、圆等数学特征，这种应用极为广泛且可以认为是模型拟合的最先进技术，在点云的分割中需要改进的方法都是继承了这种方法。基于模型的方法具有纯粹的数学原理，效率高且分割效果好，其主要局限性在于处理不同点云时的不准确性。通常零件需要具有设计模型，通过点云匹配将设计模型与测量点云进行匹配，再根据设计模型的引导将点云中待检测分析的区域分割出来，相较使用基础几何形状的拟合分割方法而言具有更高的准确性。这一分割方法的具体思路如图3-38所示。

 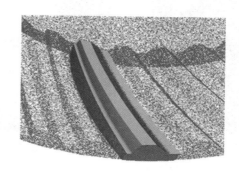 

a) 设计模型(局部)　　　　　　b) 设计模型与点云匹配　　　　　c) 分割出局部区域

图 3-38　基于设计模型的点云分割

4. 基于聚类的分割

基于聚类的分割方法是基于点云数据属性的一种鲁棒性较好的分割方法，这种方法一般包括两个单独的步骤：第一步先计算出各个点云数据的属性，第二步根据计算点的属性进行聚类。这种聚类方法一般能适应空间关系和点云的各种属性，最终将不同属性的点云分割出来；这种方法的局限性在于高度依赖派生属性的质量，所以第一步要求能够精确地计算点云数据的属性，这样才会在第二步中根据属性类别分割出最佳的效果。这里主要介绍欧式聚类与基于图像区域聚类两种方法。

（1）欧式聚类　欧式聚类的聚类判断准则即为点云之间的欧氏距离。对于空间某点 p，通过 KD-Tree 近邻搜索找到 k 个离 p 点最近的点，这些点中距离小于设定阈值的便聚类到集合 Q 中。如果 Q 中元素的数目不再增加，整个聚类过程便结束；否则须在集合 Q 中选取 p 点以外的点，重复上述过程，直到 Q 中元素的数目不再增加为止。若在欧氏距离外增加其余限制条件，这一方法就将被称为条件欧式聚类，即除了满足欧氏距离的限制外，还需同时满足给定的条件才可以被加入集合 Q 中，相较最初的欧式聚类方法分割效果更好。

（2）基于图像区域聚类　基于图像的区域聚类方法主要通过将点云转换成二值图像，再通过图像方法中的区域增长进行聚类，再转换成点云。这种聚类方法的优点是分割速度快，缺点是存在过度分割以及分割不足问题。现有的改进方法是将二维图像与三维点云根据扫描仪与相机之间的标定关系关联起来，将三维点云投影到二维图像平面后，再利用二维图像中各区域的语义信息对各个点云区域进行聚类，分割效果较优。

3.2.6　点云重建

点云重建是指将点云数据转化为三维模型的过程，便于执行三维建模、模型渲染等操作，点云重建效果如图3-39所示。常用的点云重建方法包括基于体素的重建、基于网格的重建和基于光滑曲面的重建等。

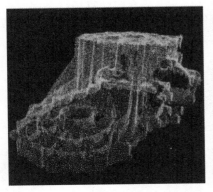

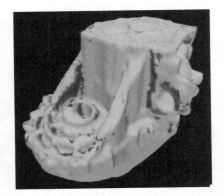

a) 三维离散点云   b) 重建后的三维模型

图 3-39   点云重建

项目 3.3   深度学习算法介绍

3.3.1   深度学习简介

深度学习（Deep Learning，DL）是机器学习（Machine Learning，ML）领域一个新的研究方向，它被引入机器学习使其更接近最初的目标——人工智能（Artificial Intelligence，AI）。深度学习是学习样本数据的内在规律和表示层次，这些学习过程中获得的信息对诸如文字、图像和声音等数据的解释有很大的帮助。最终目标是让机器能够像人一样具有分析学习能力，能够识别文字、图像和声音等数据，因此深度学习在图像识别中的应用研究是现在和未来很长一段时间内的重要研究课题。

深度学习是一个复杂的机器学习算法，在语音和图像识别方面取得的效果远远超过先前相关技术。深度学习在搜索技术、数据挖掘、机器学习、机器翻译、自然语言处理、多媒体学习、知识推荐、个性化技术以及其他相关领域都取得了很多成果。深度学习使机器能够模仿视听、思考和决策等人类的活动，解决了很多复杂的模式识别难题，使人工智能相关技术取得了很大进步。这里主要对卷积神经网络、生成对抗网络以及近些年关注较多的 Transformer 架构进行介绍。

3.3.2   卷积神经网络

卷积神经网络（Convolutional Neural Networks，CNN）是一种深度学习模型，特别适用于处理具有网格结构的数据，如图像和音频。它通过多个卷积层、池化层和全连接层等组件实现了对输入数据的高效特征提取和模式识别能力。CNN 的核心组件是卷积层，它使用一组可学习的滤波器（也称为卷积核）在输入数据上进行卷积操作，从而提取输入数据中的空间局部特征。卷积操作通过对滤波器与输入数据的逐元素乘积求和，将输入数据的局部信息转化为特征映射。这种局部连接和权重共享的方式使 CNN 能够更有效地处理大规模输入的数据。另一个重要的组件是池化层，它用于降低特征映射的空间维度，减少参数数量，同时保留重要的特征信息。常用的池化操作是最大池化，它选择每个区域中的最大值作为池化结果。全连接层将特征映射转换为模型的输出，全连接层中的每个神经元与前一层的所有神经元相连接，通过学习权重和偏置来实现对输入特征的分类或回归。卷积神经网络在图像处理中常用于进行图像的分类、目标检测以及分割。下面介绍用于这三类任务的经典网络：ResNet 网络、YOLO 网络和 UNet 网络。

1. ResNet 网络

ResNet（Residual Neural Network）是由 Microsoft Research 的 Kaiming He 等人在 2015 年提出的深度学习架构，它在图像识别任务中取得了重大的突破，也是深度学习中一个重要的里程碑。传统的深度卷积神经网络随着层数增加，会遇到梯度消失或梯度爆炸等问题，导致训练过程困难，难以让网络更深。ResNet 网络的主要创新在于引入了"残差学习"（Residual Learning）的概念，允许在训练过程中直接对残差进行学习。

残差学习的基本思想是将原始输入与输出之间的差值（即残差）作为学习目标，网络可以更容易地学习恒等映射，从而解决了梯度问题。ResNet 网络通过引入残差块来实现残差学习，如图 3-40 所示。每个残差块包含两个或更多的卷积层，其中在输入和输出之间引入了跳跃连接。跳跃连接允许梯度直接通过网络层传播，减少了信息的丢失，可以训练更深的网络。在训练过程中，如果某个残差块的输出与输入相同（即残差为零），那么该块就类似于恒等映射，网络就可以选择不学习该块。

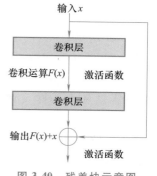

图 3-40　残差块示意图

ResNet 网络的创新设计使得训练深层网络成为可能，如 ResNet-50、ResNet-101 和 ResNet-152 等。ResNet 网络的成功极大地促进了深度学习模型的发展，成为许多计算机视觉任务的基础网络结构。ResNet 网络的思想也在其他任务和领域得到了广泛应用，并激发了更多深度学习架构的设计和改进。

2. YOLO 网络

YOLO（You Only Look Once）是一种实时目标检测算法，由 Joseph Redmon 等人于 2015 年提出。相比于传统的目标检测算法，YOLO 网络具有高速和高准确性的特点，已成为计算机视觉领域中广泛应用的算法之一。YOLO 网络的主要创新在于将目标检测问题转化为一个回归问题，并将整个图像划分为网格，每个网格预测一组边界框及其对应的类别概率。

YOLO 网络的设计思路可以概括为网格划分、特征提取、边界框预测、类别预测以及预测处理 5 个关键步骤。网格划分用于将输入图像划分为固定大小的网格，每个网格负责预测该网格内是否存在目标物体以及目标物体的边界框和类别概率，并使用预训练的卷积神经网络通过多个卷积和池化层来提取特征。然后每个网格预测一组边界框，每个边界框包含物体的位置和类别概率，并进一步预测每个边界框的类别概率，表示该边界框内可能存在的不同物体类别。最后根据边界框的位置、类别概率和置信度，通过非极大值抑制（Non-Maximum Suppression，NMS）算法筛选最终检测结果。图 3-41 所示为 YOLO 网络检测过程示意图。

YOLO 算法具有较快的速度和较高的准确性，适用于实时目标检测和视频分析任务，可

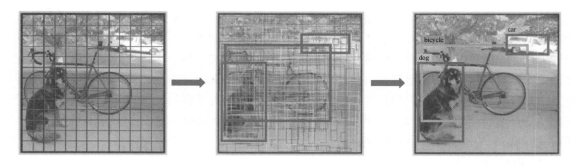

图 3-41　YOLO 网络检测过程示意图

以同时检测多个目标，具有端到端的优势，并且在目标尺寸和纵横比变化较大的情况下仍具有较好的性能。随着 YOLO 算法不断提升，衍生出了多个版本（如 YOLOv2、YOLOv3 和 YOLOv4 等），进一步提高了检测精度和速度。

3. UNet 网络

UNet 网络是一种用于图像分割任务的深度学习架构，由 Olaf Ronneberger、Philipp Fischer 和 Thomas Brox 于 2015 年提出。UNet 网络的设计初衷是解决医学图像分割中的困难，但后来也在其他领域广泛应用。UNet 的架构特点是 U 形架构，由对称的下采样（编码器）和上采样（解码器）部分组成，中间有一个跳跃连接用于跨越编码器和解码器之间的层级，如图 3-42 所示。跳跃连接通过将输入图像下采样时产生的特征与上采样时产生的特征进行结合，从而减少了池化操作导致的图像高级细节信息损失对分割结果的影响。

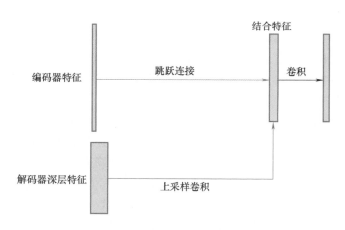

图 3-42　跳跃连接示意图

UNet 网络能够捕获不同尺度的特征信息，并保留更多的细节。跳跃连接有助于将低级别和高级别的特征结合起来，提高分割结果的准确性。UNet 网络在医学图像分割中表现出色，尤其适用于训练数据有限的情况。随着时间的推移，UNet 的变体和扩展算法不断涌现，如 UNet++、ResUNet 等，进一步提升了性能，并适用于更广泛的应用领域。

3.3.3　生成对抗网络

生成对抗网络（Generative Adversarial Networks，GAN）是一种深度学习模型，由生成器（Generator）和判别器（Discriminator）组成。GAN的目标是让生成器能够生成与真实数据相似的样本，GAN的基本思想是通过两个模型的对抗来实现训练。生成器的目标是生成尽可能逼真的样本，而判别器的目标是尽可能准确地区分生成的样本和真实的样本。二者通过对抗的方式相互竞争，逐渐提高自己的能力。训练过程中，生成器接收一个随机噪声作为输入，并生成一个与真实样本相似的样本。判别器则接收真实样本和生成器生成的样本，并尝试区分它们。生成器和判别器之间的对抗通过梯度下降进行优化。生成器希望生成的样本能够骗过判别器，使其无法准确区分真实样本和生成样本；而判别器希望能够尽可能准确地区分真实样本和生成样本。通过反复迭代训练，生成器逐渐学习到生成逼真的样本，而判别器也逐渐提高区分能力。当训练达到平衡状态时，生成器能够生成与真实样本相似的样本，而判别器无法准确区分。

在实际工业检测应用中，往往存在缺陷样本量较少的问题，因此在训练过程中正负样本量是非常不均衡的，这极大地限制了模型的性能，甚至导致模型完全不可用。在缺陷外观多变的场景下，有监督学习的方法往往无法满足正常的生产需求。此外在实际的工业缺陷检测场景中，通常存在许多不同种类的缺陷，检测的标准和质量指标往往也不同，这就需要付出大量的人力资源来进行大量的数据标注。因此基于GAN进行无监督的正样本检测成为一种研究趋势，这类研究的经典网络为AnoGAN。

AnoGAN（Adversarial Networks for Anomaly Detection）是一种无监督学习的异常检测方法，它由Schlegl等人基于GAN的思想在2017年提出，旨在通过学习正常样本的分布来检测异常样本。AnoGAN的关键思想是通过对抗训练生成器和判别器学习正常样本的分布，并利用生成器进行异常样本的重建。对于给定的异常样本，通过最小化重建误差来找到与其最匹配的潜在向量，使生成器能够生成与异常样本最相似的重建样本。在进行异常检测时，使用生成器对异常样本进行重建，并计算重建样本与真实样本之间的重建误差。通常情况下，异常样本与正常样本之间存在较大的重建误差，因此可以通过重建误差的大小来量化异常程度，从而对正常样本和异常样本进行判别。

AnoGAN的优点是可以在无须异常样本标记的情况下进行异常检测。它利用生成对抗网络的能力来学习正常样本的分布，并通过重建误差来量化异常样本的异常程度。然而，AnoGAN也存在一些局限性，例如，对于复杂的数据分布和高维数据，性能可能有所限制。Schlegl等人在2019年提出了改进的f-AnoGAN，其主要改进在于引入了一个特征提取器，用于从生成器和判别器之间的特征空间中提取有意义的特征。这些特征能更好地描述样本内容和结构，增强了重建和检测的性能。

3.3.4　Transformer网络

Transformer网络是一种用于序列建模的深度学习网络，由Vaswani等人在2017年提出。它在自然语言处理（Nature Language Processing，NLP）任务，尤其是在机器翻译任务中取得了显著的成果。传统的序列建模方法存在一些限制，如难以并行计算和难以处理长依赖关系。Transformer 网络通过引入自注意力机制（Self-Attention）来解决这些问题，并实现了高效的并行计算。自注意力机制允许模型在输入序列中的不同位置进行关注权重的计算，它通过计算获得每个位置与所有其他位置的相关性得分，并将这些相关性作为权重应用于输入序列的不同位置。这使得模型能够捕捉到输入序列中的长距离依赖关系。为了增强模型对不同表示空间的关注，Transformer 网络使用多个自注意力头组成多头注意力机制（Multi-Head Attention）模块进行注意力计算。每个注意力头都学习了不同的关注权重，从而提供了对输入序列不同部分的多个视角。在网络中，自注意力层后面连接了一个前馈神经网络，该网络通过应用全连接层和非线性激活函数，对每个位置的特征进行映射和变换。Transformer 网络主要模块结构示意图如图 3-43 所示。

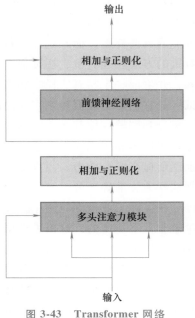

图 3-43 Transformer 网络
主要模块结构示意图

Transformer 架构的优点在于能够处理长依赖关系，具有较好的并行计算性能，并且在机器翻译等序列建模任务中取得了显著的性能提升。它也成为许多自然语言处理任务中的基础模型，并为后续的模型设计提供了灵感，随后 Transformer 网络也被运用于图像处理中。

2023 年，随着 AI 技术的高速发展，SEEM 网络横空出世。SEEM 是一种基于提示的新型交互模型，它能够根据用户给出的各种模态的输入（包括文本、图像和涂鸦等），一次性分割图像或视频中的所有内容，并识别出物体类别。架构方面，SEEM 遵循一个简单的 Transformer 编码器——解码器架构，并额外添加了一个文本编码器。在 SEEM 中，解码过程类似于生成式大型语言模型，但具有多模态输入和多模态输出。所有查询都作为提示反馈到解码器，图像和文本编码器用作提示编码器来编码所有类型的查询，这使 SEEM 具有强大的泛化能力。SEEM 在运行方面也非常高效，研究人员将提示作为解码器的输入，在与用户进行多轮交互时，SEEM 只需要在最开始运行一次特征提取器，后续只需使用新的提示运行一个轻量级的解码器即可完成迭代。因此在部署模型时，参数量大、运行负担重的特征提取器可以在服务器上运行，在用户的机器上仅运行相对轻量级的解码器，可以缓解多次远程调用中的网络延迟问题。

3.3.5 应用案例

相较于传统视觉算法，深度学习算法往往具有更好的适应性与鲁棒性，因此在工业检测中得到了广泛的应用，例如，工业检测中需要对产品是否合格进行判断，需要对缺陷进行定位和检测，有时还需要对产品表面的编码字符进行识别。下面对深度学习中常见的检测案例进行介绍。

1. 光器件底座外观检测

光器件是光纤通信中用于光电信号转换的重要部件，直接影响光纤通信的传输效率。光器件底座在生产制造及装配过程中可能存在多种缺陷,如腐蚀、压伤、附金和损伤等,如图 3-44 所示。

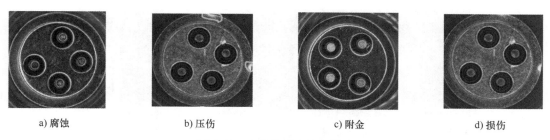

a) 腐蚀   b) 压伤   c) 附金   d) 损伤

图 3-44　光器件底座外观缺陷

由于部分缺陷可能需要根据其尺寸进行判断,例如,当面积大于一定阈值则视为缺陷,小于一定阈值则不视为缺陷,所以需要将缺陷区域精确地提取出来。基于上述分析,采用先分割后分类的处理流程。针对各种缺陷收集样本,分别对分割模型和图像分类模型进行训练。在检测时,先通过分割模型将缺陷区域提取出来,再通过分类模型对提取出来的缺陷进行分类,最后根据各类缺陷的阈值设定对缺陷进行分析。

2. 手机中框胶路检测

中框封胶的作用是在手机的内部框架和外部壳体之间形成密封,起到密封、防水、防尘和防振的作用,对于保证手机正常运行、提高手机耐用性等非常重要。胶路尺寸小,肉眼难以检测瑕疵,如图 3-45 所示。传统气密性检测通过人工灌气、涂肥皂水的方式进行检查,检查效率低、易腐蚀工件。采用基于深度学习的机器视觉检测方法可以实现高效、稳定的尺寸检测。

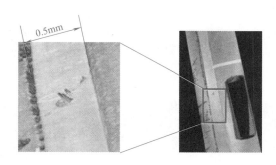

0.5mm

图 3-45　手机中框胶路缺陷

通过相机获得高分辨率图像,基于目标检测算法对胶路的段差、裂缝和孔洞等瑕疵进行定位,辅助气密性分析,可检测肉眼难以分辨的细小瑕疵,对不良品实现分拣,提升良品率,如图 3-46 所示。

3. 汽车 VIN 码识别

VIN 码是一种独特的标识号码,用于识别和描述汽车。在汽车工业中,VIN 码扮演着重要角色,它可以用于跟踪生产过程、管理库存和质量控制,并用于汽车的维护和售后服务。在现代自动化汽车生产线中,制造商必须能快速解码各种表面上的字母、数字和字符串(图 3-47)。环境条件以及印制缺陷可能使传统的机器视觉算法难以准确定位和识别字符,基于深度学习的字符识别算法可识别各种印制变形、高（低）对比度或反光字符，节省时间并降低字符定位与识别错误率。

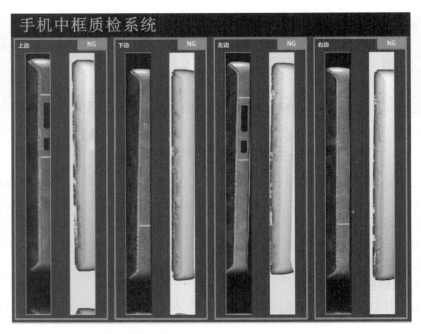

图 3-46　手机中框质量检测

图 3-47　基于深度学习的汽车 VIN 码识别

模块4
PROJECT 4
工业机器视觉软件系统认知

【知识目标】

1. 了解 Smart3 软件的运行环境和基本功能。
2. 了解 Smart3 软件的常用算子、算法及原理。
3. 掌握使用 Smart3 软件进行图像处理的基本流程。

【技能目标】

1. 能独自完成 Smart3 软件的安装。
2. 能熟练使用 Smart3 软件处理图像。
3. 能针对给定的检测任务编制自动化检测程序。

【素养目标】

1. 独自完成 Smart3 软件的安装配置，解决软件安装过程中遇到的问题。
2. 思考 Smart3 软件功能如何应用到工业生产现场场景，解决生产现场遇到的实际问题。
3. 能结合给定的检测任务，分析任务完成需要使用的视觉图像处理技术，绘制相应的程序流程图，从满足生产检测效率和精度的角度思考如何对检测流程进行优化。

项目 4.1　Smart3 软件简介

Smart3 软件由广东奥普特科技股份有限公司自主研发，集成图像工具箱、定位工具箱、测量工具箱、检测工具箱、识别工具箱、通信设置工具箱和 3D 工具箱等一系列图像处理功能，通过使用 Smart3 软件能够快速实现视觉检测系统通信调试、相机参数标定和检测功能实现。

Smart3 软件具有以下特点：

1）支持多品牌工业相机和常用的通信模式及协议。

2）针对不同的视觉测量系统，可提供多种标定模块。

3）同时支持 2D 图像和 3D 点云数据处理，支持自定义工具开发。

4）图形编程替代传统代码编写，实现检测项目的快速开发。

5）流程化设计及流程复用，能够便捷地实现大部分视觉检测项目。

6）线程池及任务级并发，支持指令级和任务级并行处理技术。

7）支持在线调试，在生产现场不停产、不停机的情况下可实现视觉参数快速调整，以获取最优检测效果。

8）支持用户基于自定义需求的二次开发，基于组件对象模型（Component Object Model，COM）和 .NET 接口技术，支持 VB、C#和 C++等多种编程语言。

Smart3 软件需要搭载的运行环境见表 4-1。

表 4-1　Smart3 软件运行环境要求

	最低配置	推荐配置
操作系统	Windows10 及以上版本（64 位操作系统）	
CPU	1GHz	3.3GHz
内存	512MB	8GB
显卡	1GB	2GB
网卡	千兆网卡	千兆网卡
USB 接口	2 个	4 个

项目 4.2　Smart3 软件安装

本书配套资源提供了 Smart3 软件的安装程序，下载后可以直接进行安装。Qt 是 Smart3 软件图形用户界面，用户可以结合项目需求选择是否在 Smart3 软件基础上进行二次开发。这里先介绍 Qt 的安装与环境配置，再介绍 Smart3 软件的安装流程。

1. Qt 安装与环境配置

Smart3 软件使用 Qt5.9.3 版本，对应的软件安装包可以在本书的配套资源中找到"qt-opensoure-windows-X86-5.9.3.exe"，具体安装步骤如下：

1）右击 Qt 安装程序，在快捷菜单中选择"以管理员身份运行"，进入安装启动界面，如图 4-1 所示。

2）单击"Next"按钮，进行下一步安装，"Login"和"Sign-up"为选填项，如图 4-2 所示。

3）单击"Skip"按钮，进入安装文件夹界面，默认软件的安装路径为"C：\ Qt \ Qt5.9.3"，如图 4-3 所示。

4）单击"下一步"按钮，进入选择组件界面，勾选"msvc2013 64-bit""Qt Charts""Qt Network Auth（TP）""Qt Remote Objects（TP）"和"Qt Script（Deprecated）"5 个组件，如图 4-4 所示。

图 4-1　Qt 安装启动界面

图 4-2　Qt 账号信息填写界面

图 4-3　Qt5.9.3 安装路径选择界面

图 4-4　选择组件界面

工业视觉
软件 Smart3
安装视频

5）单击"下一步"按钮，进入创建快捷方式界面，快捷方式名称可更改，如图 4-5 所示。

6）单击"下一步"按钮，进入软件安装准备界面，如图 4-6 所示。

图 4-5　创建快捷方式界面

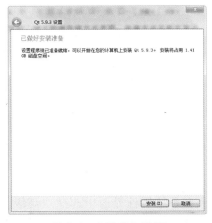

图 4-6　安装准备界面

7）单击"安装"按钮，进入正在安装界面，如图4-7所示。

8）进入安装完成界面，取消勾选"Launch Qt Creator"，单击"完成"按钮，如图4-8所示。

图 4-7　正在安装界面

图 4-8　Qt 安装完成界面

至此，Qt 安装完成。为了使安装的配置生效，还需要在计算机中配置相应的环境变量。

1）单击"计算机"→"属性"→"高级系统设置"，如图4-9所示。

图 4-9　计算机系统界面

2）在系统属性界面中选择"高级"→"环境变量"按钮，如图4-10所示。

3）选中"Path"，单击"编辑"按钮，如图4-11所示。

图 4-10 系统属性界面

图 4-11 环境变量界面

4）在"变量值"文本框中输入"C：\ Qt \ Qt5.9.3 \ 5.9.3 \ msvc2013_64 \ bin"，单击"确定"按钮，即完成环境变量配置，如图 4-12 所示。

2. Smart3 软件安装步骤

1）运行软件安装程序，双击"Smart3 _ v1.3.5.6_Setup.exe"后进入许可协议界面，如图 4-13 所示。

图 4-12 编辑用户变量界面

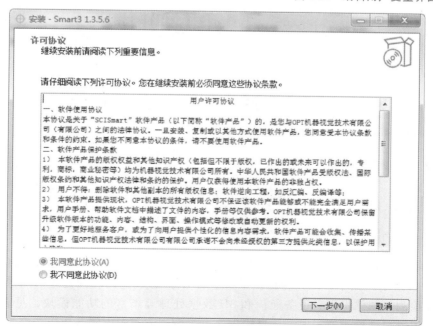

图 4-13 许可协议界面

2）选择"我同意此协议"，单击"下一步"按钮，进入软件安装位置设置界面。单击"浏览"按钮，可以重新选择 Smart3 软件的安装路径，如图 4-14 所示。

3）单击"下一步"按钮，进入软件安装信息确认界面，如图 4-15 所示。

图 4-14　Smart3 软件安装路径选择界面

图 4-15　软件安装信息确认界面

4）单击"安装"按钮，开始安装软件，如图 4-16 所示。

5）安装完成后，弹出安装完成界面，如图 4-17 所示。

图 4-16　软件安装进度显示界面

图 4-17　软件完成安装界面

项目 4.3　Smart3 软件功能介绍

Smart3 软件主界面包括工具栏、标题栏、工具箱、流程编辑区、信息输出区和算子编辑区，如图 4-18 所示。其中，工具箱提供了基本的图像输入/输出、预处理、图像定位、图像测量、图像检测、图像识别、设备通信和 3D 数据处理等丰富的功能模块，见表 4-2；流程编辑区用于编辑视觉检测流程图；信息输出区可以看到流程图中算子块内的变量信息、运行结果以及程序运行过程中的错误信息等。

标题栏　工具箱　工具栏　　　流程编辑区/图像显示　　　信息输出区　　　　　　算子编辑区

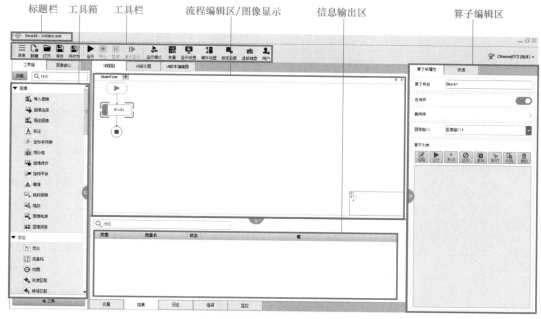

图 4-18　Smart3 软件主界面

表 4-2　Smart3 软件工具箱提供的功能

功能	工具名称	功能介绍
图像	导入图像	相机采集图像/读取本地图像文件
	图像选择	选取已有图像缓存
	导出图像	保存图像
	标定	读入标定数据到图像
	坐标系转换	在相机坐标与世界坐标之间相互转化
	预处理	对图像进行预处理
	图像操作	加、减图像像素等操作
	旋转平移	旋转平移图像
	镜像	生成图像的镜像
	裁剪图像	裁剪截取图像的一部分
	缩放	自定义图像或按比例缩放
	图像锐度	测量图像清晰度
	图像拼接	将多个图像拼接成一个图像
识别	OCR	光学字符识别
	条码识别	读取条码
	二维码识别	读取二维码
	分类器	根据物体特征进行分类
检测	Blob 分析	对相同像素连通域进行分析
	划痕检测	检测物体表面是否存在划痕

（续）

功能	工具名称	功能介绍	
检测	变量模型	与理想模型进行比对	
	轮廓度	被测实际轮廓相对于理想轮廓的变动情况	
	边缘缺陷	检测边缘缺陷	
	轮廓操作	对轮廓进行连接、筛选和排序等操作	
测量	卡尺	测量物体宽度	
	间隙测量	测量物体间隙	
	几何关系	测量物体几何特征	
	颜色提取	提取彩色图像指定区域的 RGB 值,然后利用这组阈值去进行彩色二值化	
	灰度测量	测量灰度图像灰度值情况	
	颜色测量	测量彩色图像各通道灰度值情况	
定位	找点	沿直线检测边缘点	
	找直线	定位直线	
	找圆	定位圆	
	灰度匹配	通过灰度匹配目标物体	
	特征匹配	通过特征匹配目标物体	
	轮廓匹配	通过轮廓匹配目标物体	
	ROI 校正基准设置	设置 ROI 校正基准	
	ROI 生成	生成特定 ROI	
	霍夫找圆	利用霍夫变换找圆	
	角点检测	检测图像中的角点	
	霍夫找直线	利用霍夫变换找直线	
	轮廓提取	提取图像轮廓	
	数据转换	将点数据转换为轮廓数据	
3D 功能	3D 图像导入	3D 相机采集和导入 3D 图像	
	2D 图像转换	将 2D 图像转换为 3D 图像	
	3D 图像转换	将 3D 图像转换为 2D 图像	
	3D 预处理	对 3D 图像进行预处理	
	高度测量	通过 3D 相机采集精确测量物体的高度	
	体积测量	通过 3D 相机采集精确测量物体的体积	
	平面校正	对采集后的图像进行平面校正	
	平面度	计算采集后的图像的平面度	

1. 图像预处理

1）图像导入。在视觉检测中，工具算子均是对图像进行处理，因此在检测程序中首先需要添加导入图像功能。Smart3 软件提供了两种图像导入方式：通过相机采集图像或从本地路径导入图像。如图 4-19 所示，使用相机采集图像时，需要在硬件设备里先添加相机，在图像导入界面可以结合检测要求设置相机的触发模式、曝光时间等参数。

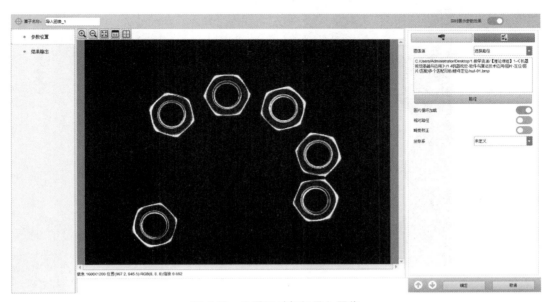

图 4-19　设置通过相机导入图像

如图 4-20 所示，Smart3 软件也支持从本地导入图像，需要设置本地图像读取路径，如果需要加载当前路径下的所有图像，可以选择启用"图片循环加载"功能。

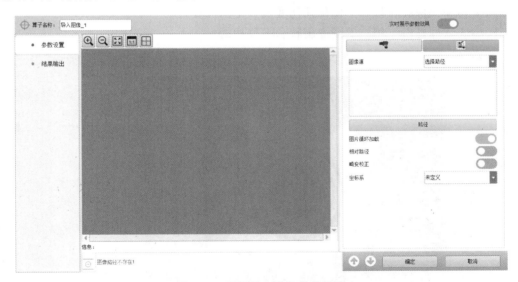

图 4-20　设置导入图像参数界面

2）图像预处理。图像预处理可以消除图像中无关的信息，恢复有用的真实信息，增强有关信息的可检测性并简化数据，从而增加特征抽取、图像分割、匹配和识别的可靠性。Smart3 软件提供的"预处理"工具集成了常用的图像处理算法，包括形态学相关算法，如腐蚀、膨胀、开运算、闭运算、顶帽运算和黑帽运算等；常用滤波处理，包括高斯滤波、中值滤波和均值滤

模块 4 使用
的图像处理
原始图片

波等；边缘提取算法，包括 Laplace 滤波、Canny 滤波、Roberts 算子和 Prewitt 滤波等。图像预处理设置界面如图 4-21 所示。

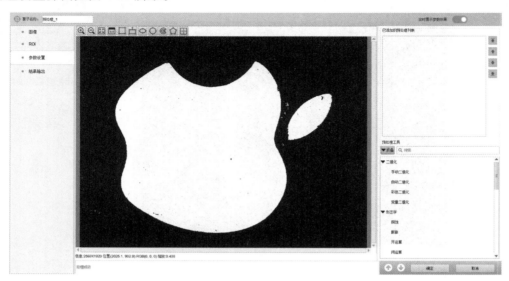

图 4-21　图像预处理设置界面

3）图像旋转/平移。待检测物体在图像坐标系中存在一定角度的倾斜，同时相对图像坐标系中心存在一定的偏移，通过图像旋转和图像平移能够将待检测物体图像调整至图像中心。图像平移和图像旋转都属于图像几何变换，是图像处理的一个重要组成部分。如图 4-22 所示，Smart3 软件提供了相应的图像旋转和平移功能。

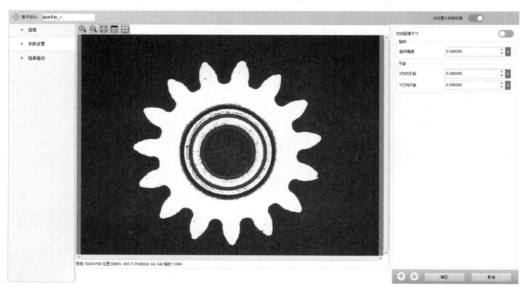

图 4-22　图像旋转/平移功能

4）图像拼接。单个相机视野范围有限，当待检测物体尺寸较大时，单幅图像的拍摄范围难以覆盖，通过图像拼接，将两幅或两幅以上具有重叠区域的图像拼接缝合成一张图像，能够有效解决上述难题。如图 4-23 所示，Smart3 软件支持将多幅图像进行拼接，在拼接时可以对多幅图像的拼接方向、是否使用特征进行拼接、特征的搜索范围以及是否缩放等参数进行设置。

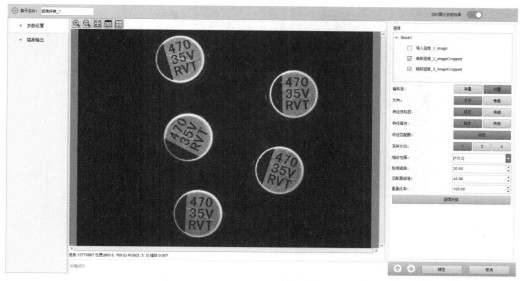

图 4-23　图像拼接功能

2. 图像识别

图像识别包含内容比较多，从文字字符识别到物体分类均属于图像识别的范畴，但在工业领域，目前关注更多的是文字、字符和条码的识别。目前，Smart3 软件提供的图像识别功能包括光学字符识别（Optical Character Recognition，OCR）、条形码识别和二维码识别等。

1）OCR。OCR 是指使用电子设备（如扫描仪或数码相机）检查纸上打印的字符，通过检测暗、亮的模式确定其形状，然后用字符识别方法将形状翻译成计算机中文字的过程。在工业场景中的图像文字识别更加复杂，常见的应用案例包括识别医药品包装上的文字、各种钢制部件上的文字和容器表面的喷涂文字等。在这些图像中，字符部分可能出现在弯曲阵列、曲面异形、斜率分布、皱纹变形和不完整等各种形式，并且与标准字符的特征不相同，难以精确检测和识别图像字符。

Smart3 软件提供了 OCR 功能，能实现英文、中文和数字等多种类型的字符识别。如图 4-24 所示，通过对需要检测字符的阈值、面积和大小等参数进行范围限定，可以筛选出所需检测的字符。

如图 4-25 所示，为了提高生产现场 OCR 字符识别的准确率，需要利用筛选的字符构建对应的字符数据库，用于训练字符识别模型。若同一字符存在多种类型，则需要对多种类型的样本进行收集，输入字符数据库，随着字符数据库中的样本增多，OCR 的识别的准确率也会相应提高。

2）条形码识别。条形码是将宽度不等的多个黑条和空白按照一定的编码规则排列，用于表达一组信息的图形标识符。常见的条形码是由反射率相差很大的黑条（简称条）和白条（简称空）排成的平行线图案。条形码存储了商品的信息，在工业生产现场随处可见。如图 4-26 所示，常用的条形码码制有 Code39 码、Code128 码、EAN8 码、EAN13 码、UPC-A 码、UPC-E 码、Code93 码和 ITF 码。如图 4-27 所示，Smart3 软件同样具备条形码识别功能，可以通过自动识别来推荐码制，或者手动选择指定待检条码的类型。

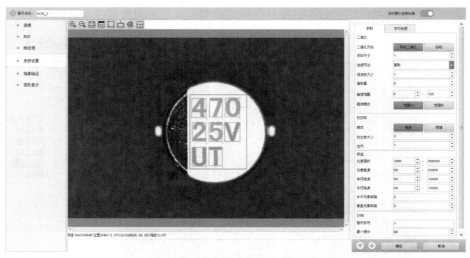

图 4-24　OCR 字符识别参数设置

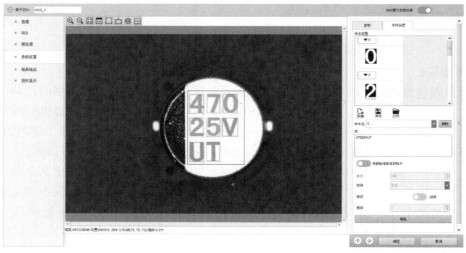

图 4-25　OCR 字符识别模板训练

Code39

Code128

EAN8

EAN13

UPC - A

UPC - E

Code93

ITF

图 4-26　常用的条形码码制

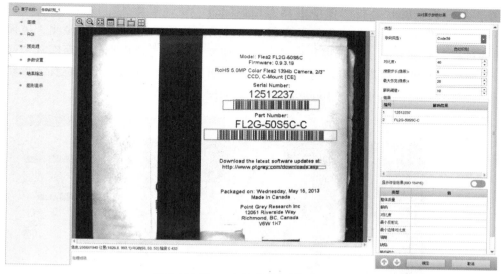

图 4-27　Smart3 软件进行条形码识别

3）二维码识别。二维码是按一定规律在平面（二维方向）上分布的黑白相间的图形。相较于条形码，二维码在水平方向和竖直方向均能存储信息，因此在生活中也被广泛应用。二维码有多种不同的编码方式，称为码制，常用的码制有 Data Matrix、QR Code 和 PDF417等。如图 4-28 所示，Smart3 软件同样提供二维码识别功能，通过选择正确的二维码编码类型，可自动识别到二维码对应的信息内容。

图 4-28　二维码识别

3. 图像检测

在工业检测现场经常需要分析物体的数量、大小、表面是否存在划痕或异物等图像检测需求，Smart3 软件的检测工具箱提供了 Blob 分析、划痕检测、轮廓度分析和边缘缺陷检测等功能。

1）Blob 分析。Blob 是指图像中由具有相似颜色、纹理等特征组成的一块连通区域。Blob 分析是将图像进行二值化，分割得到前景和背景，然后进行连通区域检测，进而得到 Blob 块的过程。通过 Blob 分析能够将图像中灰度突变的区域寻找出来，从而实现产品表面瑕疵、表面缺陷的快速检测。Blob 分析还能够统计出图像中斑点的数量、位置、形状和方向等信息。在 Smart3 软件中进行 Blob 分析的界面如图 4-29 所示。

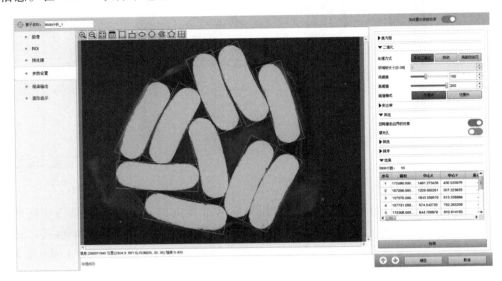

图 4-29　Blob 分析界面

2）划痕检测。在工业生产中，产品经常存在划痕裂纹等表面缺陷问题，划痕轻则影响美观，重则会带来重大安全隐患（如零部件表面涂层破损）。划痕的表现形式有多种，如斑点、擦伤和条痕等，其特征是边缘灰度变化大，划痕检测就需要将这些异类目标找出来。如图 4-30 所示，Smart3 软件支持划痕检测功能，通过设置检测最大数目、尺寸和阈值等参数筛选出划痕目标。

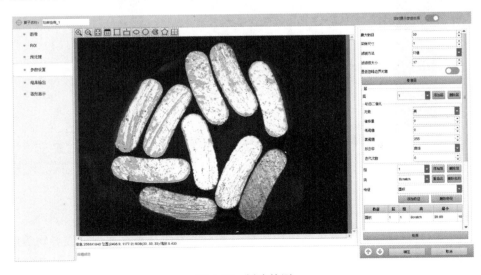

图 4-30　划痕检测

3）轮廓度。轮廓度是指被测实际轮廓相对于理想轮廓的偏差情况，在 Smart3 软件中，通过轮廓提取得到实际的轮廓数据，通过读取 DXF 格式文件，加载理想的标准轮廓，软件会自动根据导入的标准轮廓与实际轮廓数据进行对比，完成轮廓度计算，如图 4-31 所示。

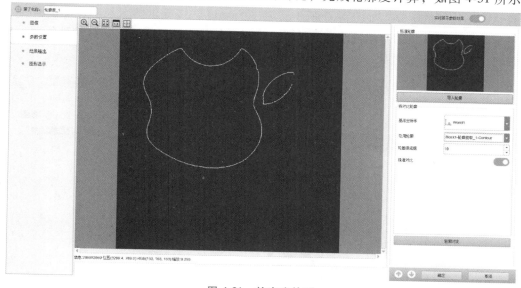

图 4-31　轮廓度检测

4）边缘缺陷。边缘缺陷检测主要用于在指定的边缘找出突变位置。工业产品会存在缺角、崩边等情况。通过使用 Smart3 软件提供的边缘缺陷工具可以快速识别边缘轮廓的异常情况。如图 4-32 所示，通过边缘缺陷工具成功识别出产品上的边缘缺陷。

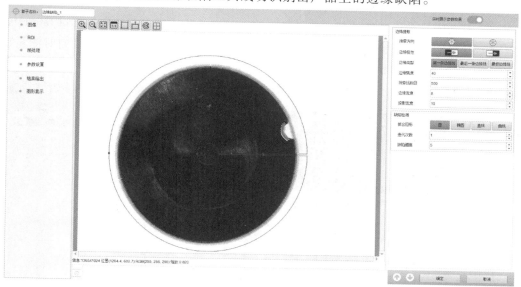

图 4-32　边缘缺陷

4. 图像测量

工业检测现场存在大量尺寸测量需求，传统的人工操作测量工具的检测方式已经难以满足检测效率的要求，可通过基于图像的零件尺寸测量来解决。Smart3 软件提供的图像测量工具箱包含卡尺、间隙测量、几何关系、颜色测量和灰度测量等，可满足常规的图像测量任务。

1）卡尺/间隙测量。卡尺功能是在灰度图像上指定的区域内寻找目标的两条平行边缘，并计算这两条边缘的距离。如图 4-33 所示，通过 Smart3 软件提供的卡尺功能能够获得手机屏幕图像的宽度像素，结合相机的标定结果，将对象的像素长度换算为实际物理长度，从而计算出对应的手机实际宽度。

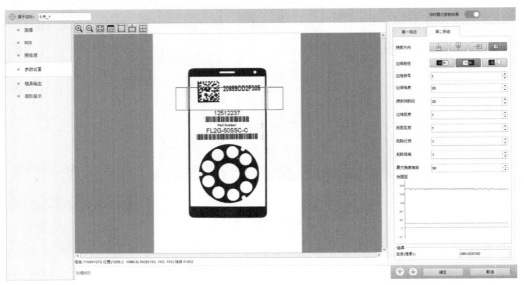

图 4-33　卡尺功能

间隙测量功能与卡尺功能类似，能够在一幅灰度图像指定的 ROI（Region of Interest，感兴趣区域）中进行多个边缘间隙的测量。如图 4-34 所示，在 Smart3 软件中可同时测量出设置的 ROI 内 8 个间隙距离值。

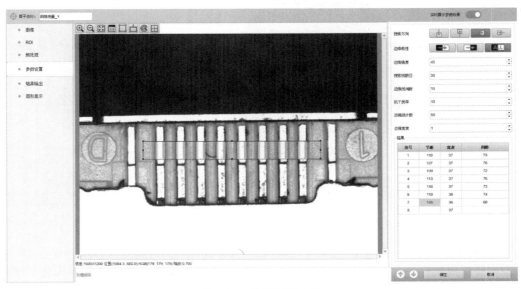

图 4-34　间隙测量功能

2）几何关系。除了常规的长、宽尺寸测量外，几何元素之间的夹角、点到直线的距离等参数也是视觉测量经常关注的内容。如图 4-35 所示，Smart3 软件使用几何关系功能计算两个元素之间的几何关系。

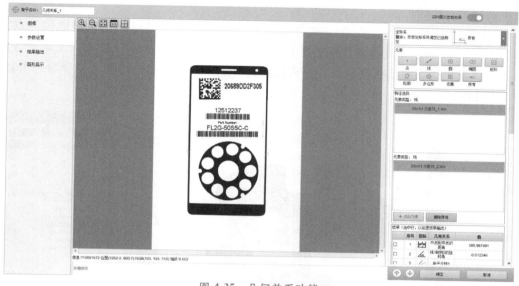

图 4-35　几何关系功能

3）轮廓提取。轮廓提取是对图片轮廓进行处理。对于边界处，灰度值变化比较剧烈的地方就定义为边缘轮廓，通过提取产品轮廓点可获得产品的轮廓特征。轮廓提取功能常用于提取产品的外轮廓，可进行轮廓对比、缺陷检测等操作，如图 4-36 所示。

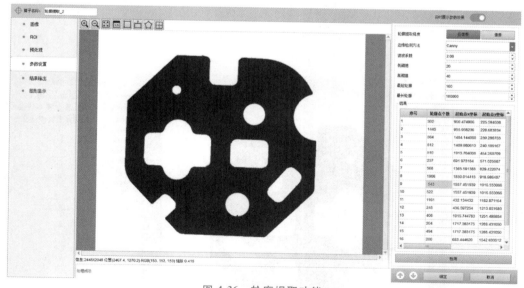

图 4-36　轮廓提取功能

5. 图像定位

图像定位是指在图像中确定特定对象或者元素位置的过程。在实际拍摄过程中，所关注的对象难以保证每次拍摄位置与上一次保持完全一致，因此利用被检测对象的局部特征进行定位，能够显著增强图像处理流程的鲁棒性。Smart3 软件提供的图像定位工具箱支持多种零件特征提取方法，包括边界点特征提取（找点、找直线、提取角点）、圆特征提取（找圆、霍夫找圆），同时还支持通过灰度匹配、特征匹配和轮廓匹配等方式寻找感兴趣区域，定位图像中被检测对象的位置。

1）找点/找直线/找圆。找点与找直线功能是 Smart3 软件提供的用于提取边界点的工具。如图 4-37 所示，找点功能是在灰度图像上沿着设置的 ROI 搜索线提取满足设置条件的边界点。找直线功能则是在设定的 ROI 内提取边界点，并将提取的边界点拟合为一条直线，如图 4-38 所示。

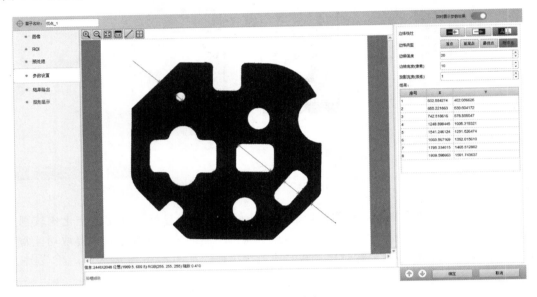

图 4-37　找点功能

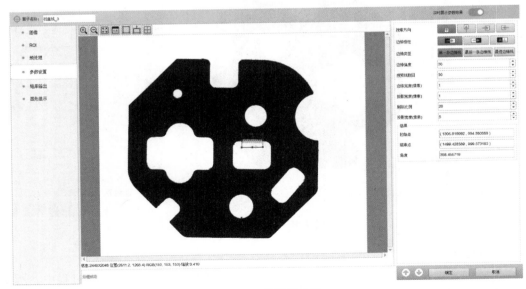

图 4-38　找直线功能

找圆功能与找直线功能相似，在指定的区域内寻找符合条件的边缘点，并将这些点拟合为圆，通过拟合圆能够获得圆心坐标、圆的半径等信息，如图4-39所示。

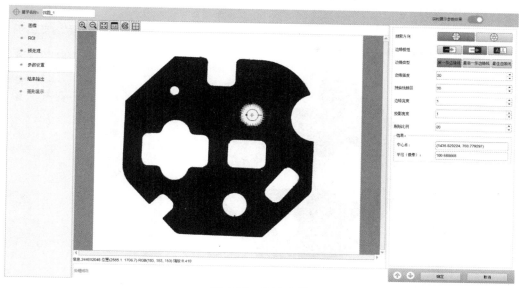

图4-39 找圆功能

2）生成ROI。通过设置ROI规定需要处理的局部图像区域，在前面的功能介绍里，ROI均是通过框选的方式进行绘制的，实际上还可以通过用户定义的形状生成特定ROI。如图4-40所示，可设置的ROI类型有线、旋转矩形、椭圆、环形、闭合曲线、多边形和图像二值化，不同类型的ROI有不同的参数设置。

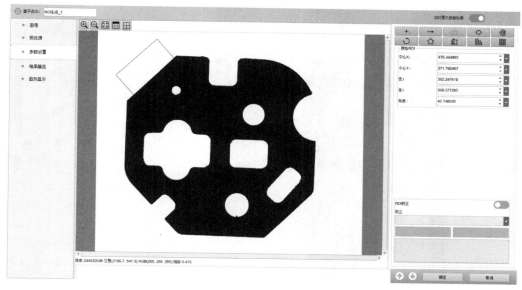

图4-40 生成ROI

3）ROI校正基准设置。在工业生产中，被检查对象经常出现平移或旋转的情况，需要对检测区域进行相应的平移和旋转。为了让检测区域移动，需要相对于图像的特性做ROI

校正。ROI 校正是通过生成的旋转矩阵计算出对象（ROI、区域、轮廓或点）新的位置，其工作原理是通过仿射变换求取其变化后的坐标，再根据变化后的坐标重新生成对象。图 4-41 所示为使用 ROI 进行基准校正。

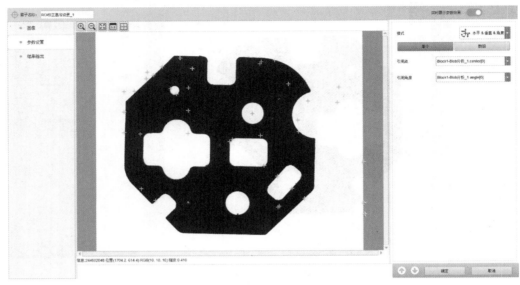

图 4-41 ROI 基准校正

4）灰度匹配。灰度匹配是指将模板图像和待检测图像进行对比，通过比较灰度信息来估计图像之间的相似性。根据匹配区域的中心点坐标和匹配区域相对模板的旋转角度对匹配结果进行评分。灰度匹配主要用于产品的定位与计数方面。图 4-42 所示为使用灰度匹配识别图片中的特征纹路。

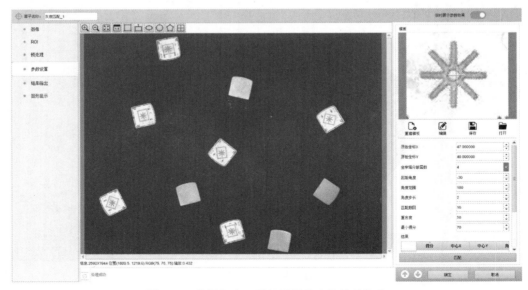

图 4-42 使用灰度匹配识别图片中的特征纹路

5）特征匹配。特征匹配是指通过图像中提取的特征点计算特征描述符，并根据特征描述符将标准模板与实际图像进行匹配。特征匹配对于文字、标签和商标等纹理较多、灰度变化剧烈的图像区域会有较好的效果。图 4-43 所示为通过特征匹配实现待检测零件的匹配定位。

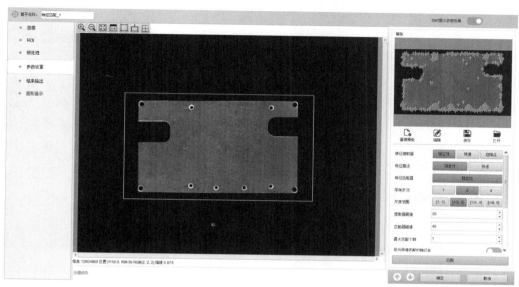

图 4-43　通过特征匹配实现待检测零件的匹配定位

6）轮廓匹配。轮廓匹配是一种利用物体的几何形态特征（物体的轮廓、凸包等）进行目标物体识别的方法，适用于轮廓较为明显的检测对象。图 4-44 所示为使用 Smart3 软件进行轮廓匹配操作，可用于零件计数。

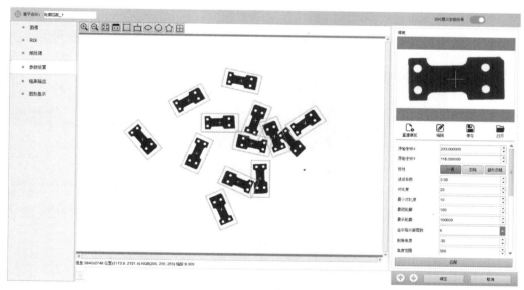

图 4-44　轮廓匹配

6. 三维数据处理

Smart3 软件支持基本的三维数据处理功能，可以实现零件尺寸计算、零件体积分析和平面度计算等。

1）3D 预处理。3D 预处理的主要作用是对三维图像进行图像预处理，支持的功能有三维滤波（高斯滤波、均值滤波、中值滤波和双边滤波）、三维采样、三维二值化和三维镜像。图 4-45 所示为对三维图像进行预处理。

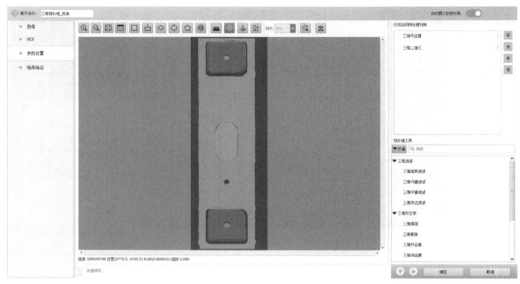

图 4-45 对三维图像进行预处理

2）高度测量。三维图像具有高度信息，因此可以被用来进行尺寸参数计算。如图 4-46 所示，使用 Smart3 软件进行高度测量，可以设置基准平面，以基准面为基准测量物体的实际高度。

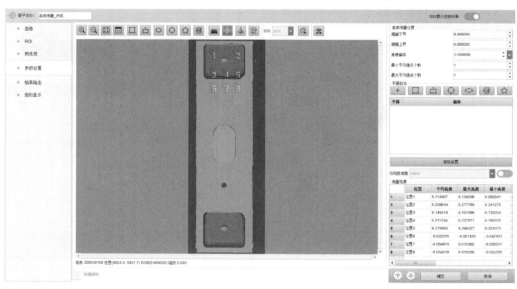

图 4-46 三维图像高度测量

3）体积测量。三维测量相较于二维测量信息更丰富，可以使用 Smart3 软件提供的体积测量功能，相对基准面计算出不同部位的体积大小，如图 4-47 所示。

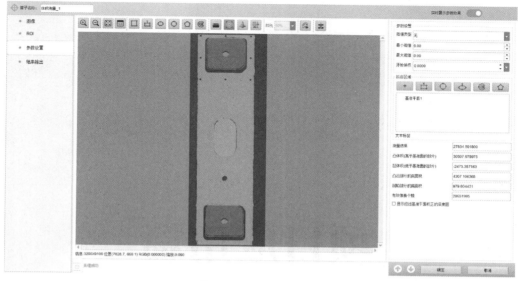

图 4-47　三维体积测量

4）平面度分析。对零件进行检测分析时，经常需要评价零件的平面度，通常设置基准平面时应选择平面度较高的平面作为参考。在 Smart3 软件中，通过设置 ROI 可以对指定区域通过最小二乘法拟合平面，并分析平面度。图 4-48 所示为某零件平面度的检测结果。

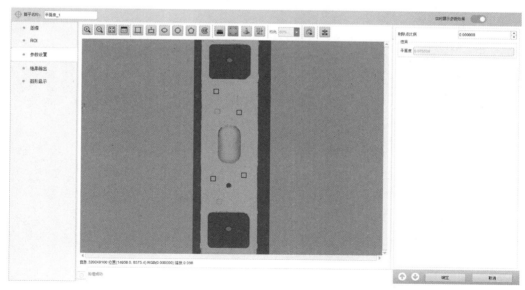

图 4-48　平面度检测

项目应用篇

模块5
PROJECT 5
实际项目开发与应用

项目 5.1　平板电脑外壳孔位测量

【知识目标】

1. 熟悉机器视觉在消费电子制造行业的典型应用场景。
2. 熟悉测量应用中 2D 相机、镜头、光源的选型知识及参数设置方法。
3. 熟悉 Smart3 软件中的标定、Blob 分析、找直线、轮廓提取、几何关系等算子功能及参数设置方法。

【技能目标】

1. 能根据测量需求完成 2D 相机、镜头、光源选型及光学成像结构的搭建。
2. 能使用 Smart3 软件标定算子，完成平板计算机外壳孔位尺寸视觉测量系统的标定。
3. 能使用 Smart3 软件完成平板计算机外壳孔位尺寸的测量与分析。

【素养目标】

1. 能够结合实际生产现场的检测需求，选择合适型号的硬件设备，搭建专用的视觉检测系统，并基于采集的图像进行测量，解决实际生产中遇到的现场问题。
2. 在与实际工业生产相一致的职业氛围中培养良好的职业道德、科学的工作方法及团队协作精神。

【项目背景】

以手机、平板电脑等为代表的消费电子产品已经成为人们日常生活不可或缺的一部分，这些产品的广泛应用使人们的生活变得便捷和高效。此类消费电子产品由多个零部件装配而成，在生产过程中，为了保证零部件之间能够顺利装配，对产品的孔位有严格要求。

目前对此类孔位的检测主要以人工为主。随着电子产品产量逐渐增加,现有的人工检测方法效率低,难以满足生产现场检测效率的要求。本项目以平板电脑外壳孔位(图 5-1)尺寸测量为例,介绍如何根据外壳孔位尺寸检测要求选择合适型号的硬件,搭建专用的视觉检测系统,通过机器视觉完成零件孔位尺寸的快速自动化检测。

图 5-2 所示为需要检测的孔位尺寸信息,为了满足孔位检测要求,搭建的视觉检测系统视野应不小于 26mm×17mm,检测精度高于 ±0.02mm。

图 5-1　平板电脑外壳孔位

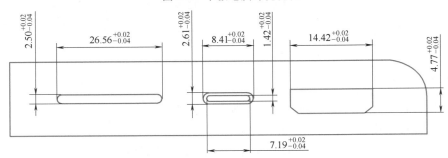

图 5-2　平板电脑外壳孔位尺寸图

【项目描述】

视觉检测技术在工业生产现场的零部件几何尺寸检测中有广泛应用。本项目以平板电脑外壳为检测对象,介绍如何根据平板电脑外壳孔位检测要求选择合适的相机、镜头及光源等硬件设备,搭建专用的视觉检测系统。通过使用 Smart3 软件提供的标定模块完成成像系统标定,获得图像像素与真实物理尺寸间的转换关系;使用"Blob 分析"算子对图像中待检测孔进行精确定位;通过"找直线"算子实现待检测孔位边缘特征提取,可进一步实现对实际孔位尺寸的精确计算。

【项目准备】

1. 硬件选型

在相机镜头选型过程中,视野范围和像素精度可以通过公式(5-1)和公式(5-2)进行计算。

$$视野范围 = \frac{芯片尺寸}{放大倍率} \tag{5-1}$$

$$像素精度 = \frac{单方向视野范围}{相机单方向分辨率} \tag{5-2}$$

（1）相机选型　已知视野范围要求为 $26mm \times 17mm$，产品检测精度要求为 $0.02mm$。在实际检测过程中，相机的检测精度应为产品要求的检测精度 3 倍以上，则相机精度要求至少为

$$0.02mm \div 3 \approx 0.0067mm$$

根据公式（5-2），单方向视野范围大小分别选取水平和垂直视野值进行计算，计算出所需相机长边和短边的分辨率至少为

$$\begin{cases} 26mm \div 0.0067mm \approx 3880 \\ 17mm \div 0.0067mm \approx 2537 \end{cases}$$

根据相机选型手册，可选择 4024×3036（1200 万）像素相机（芯片尺寸为 $7.44mm \times 5.62mm$）或 5472×3648（2000 万）像素相机（芯片尺寸为 $13.13mm \times 8.76mm$）。

（2）镜头选型　尺寸测量首选远心镜头，根据公式（5-1）计算镜头的放大倍率。若选用 1200 万像素相机，则放大倍率最大为

$$7.44mm \div 26mm = 0.286$$

若选用 2000 万像素相机，则镜头放大倍率最大为

$$13.13mm \div 26mm = 0.505$$

根据远心镜头选型手册并考虑成本因素，选择 0.5 倍放大倍率远心镜头。

（3）光源选型　为了精确获取外壳孔位边缘特征，选择白色背光源，以增强图像边缘区分度。

（4）成像系统硬件参数验证　初步确定相机、镜头、光源的参数后，以硬件参数为已知条件再进行计算，验证是否满足视野与精度检测要求。通过公式（5-2）计算出水平与垂直方向的视野范围分别为

$$\begin{cases} 13.13mm \div 0.5 = 26.26mm（水平方向） \\ 8.76mm \div 0.5 = 17.52mm（垂直方向） \end{cases}$$

水平方向与垂直方向的理论精度为

$$\begin{cases} 26.26mm \div 5472 = 0.0048mm（水平方向） \\ 17.52mm \div 3648 = 0.0048mm（垂直方向） \end{cases}$$

系统实际精度为

$$0.0048mm \times 3 = 0.0144mm$$

满足检测视野与精度要求。最终搭建的平板外壳孔位尺寸视觉检测系统软件和硬件见表 5-1。

表 5-1　平板电脑外壳孔位尺寸视觉检测系统软件和硬件

序号	名称	型号	参数/描述	数量
1	软件	Smart3	图像处理与分析软件	1
2	标定板	棋盘格	方格图案尺寸 $2mm \times 2mm$，总体尺寸 $50mm \times 50mm \times 2mm$（长、宽、厚）	1
3	工控机	SCI-EVC2-5	Windows10 系统，CPU：i5-7500；内存：DDR4 4GB	1
4	光源控制器	OPT-DPA2024E	4 通道，数字型控制器	1
5	相机	OPT-CM2000-GL-04	分辨率：5472×3648，黑白相机	1
6	镜头	OPT-MH05-65	工作距离：65mm；放大倍率：0.5	1
7	光源	OPT-FL14070-W	背光源尺寸：$140mm \times 70mm$，白色	1

2. 系统搭建

如图 5-3 所示，为保证图像成像效果，背光源距工件约 30mm，镜头按照工作距离（镜头最下端机械面到被测物体表面的距离）设置为 65mm。同时，为保证外壳孔位的测量精度，在视觉检测系统搭建时应注意以下内容：

1）相机（与镜头）安装应垂直于工件表面，固定向下安装。

2）相机（与镜头）安装应牢固无晃动，安装孔要能够调节。

3）相机（与镜头）安装高度应满足静态状态下，视野中可视一个完整工件。

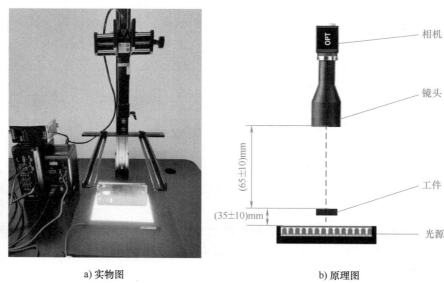

平板电脑外
壳孔位测量
项目操作视频

a) 实物图　　　　　　　　　　b) 原理图

图 5-3　手机外壳孔位检测系统实物图与原理图

【项目实施】

5.1.1　成像系统标定

对于二维视觉检测系统而言，为了通过获取的图像分析实际物理尺寸，需要通过标定板成像获得相机单个像素与实际物理长度之间的对应关系，此过程被称为视觉成像系统的标定。在机器视觉应用中，成像系统标定是非常关键的环节，标定的结果对最终的计算结果有直接影响。下面介绍使用 Smart3 软件，利用标准棋盘格标定板，对两个工位使用的相机进行参数标定。

1）在 Smart3 软件中单击"棋盘格"和"棋盘格 1"，创建新的相机坐标系和世界坐标系，如图 5-4 所示。

2）新建标定方案，选择"九点标定"（手眼标定），如图 5-5 所示。

3）选择步骤 2）中创建的标定坐标系，如图 5-6 所示。

4）选择标定方法为"标定板"，然后选择使用的标定板为"棋盘格标定板"，并根据使用的棋盘格标定板方格边长填写"单元格大小"文本框，如图 5-7 和图 5-8 所示。

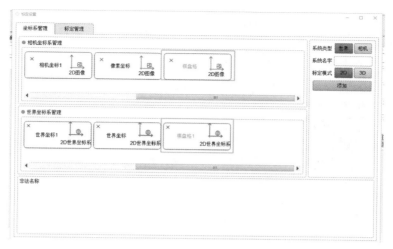

图 5-4　新建相机坐标系和世界坐标系

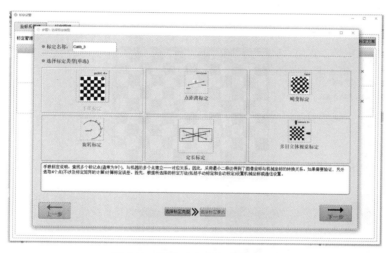

图 5-5　选择"九点标定"类型

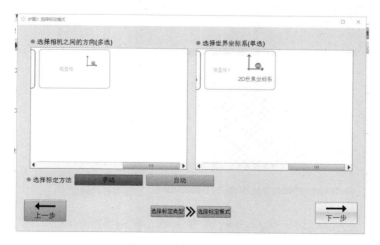

图 5-6　选择标定坐标系

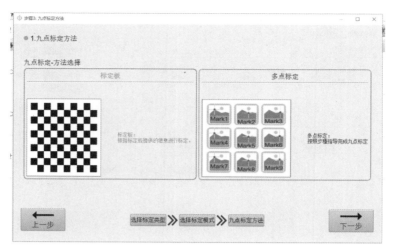

图 5-7　选择标定方法

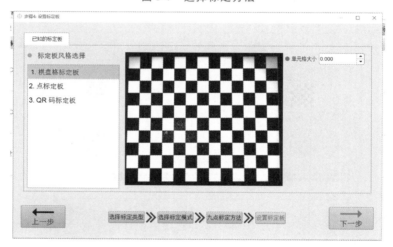

图 5-8　选择棋盘格标定板

5）选择采集到的棋盘格图像进行校准，完成棋盘格标定，如图 5-9 所示。

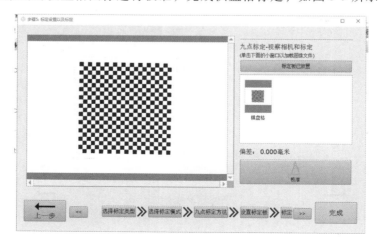

图 5-9　完成棋盘格标定

5.1.2　外壳孔位图像采集

在采集图像前，需要通过使用 OPT Camera Demo 成像软件，对相机进行 IP 配置和图像采集测试。

1. 工控机端网卡参数设置

为了实现工控机与相机连接，需要将工控机 IP 与相机 IP 设置在同一网段下，这里将工控机 IP 设置为固定 IP：192.168.11.1，子网掩码：255.255.255.0，如图 5-10 所示。

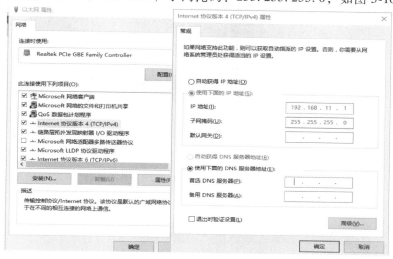

图 5-10　工控机端网卡参数设置

2. 相机 IP 设置及通信测试

运行 OPT Camera Demo 软件，设置相机 IP，将相机 IP 设置为静态 IP，与对应的网卡为同一网段。下面以配置相机 1 为例，在 OPT Camera Demo 主界面找到左上方对应的相机，单击修改按钮，如图 5-11 所示。

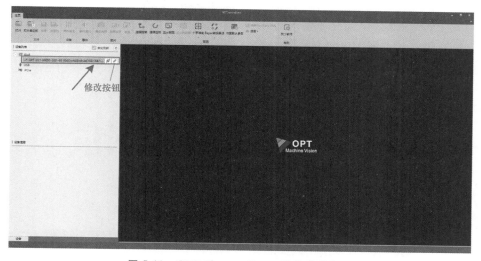

图 5-11　OPT Camera Demo 软件连接相机

相机 IP 设置为 192.168.1.21，子网掩码为 255.255.255.0，然后单击 "确定" 按钮，如图 5-12 所示。

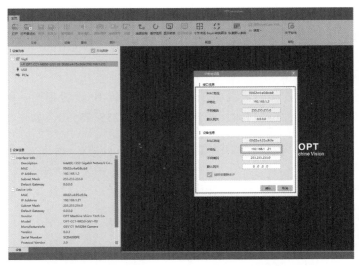

图 5-12　OPT Camera Demo 软件设置相机 IP 参数

工控机和相机 IP 设置完成后，在 OPT Camera Demo 软件左上角单击连接测试按钮，测试相机是否配置成功，如图 5-13 所示。

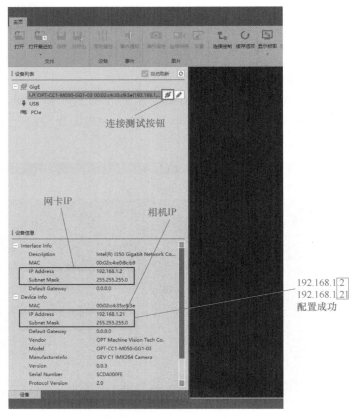

图 5-13　OPT Camera Demo 软件相机连接测试

3. 图像的导入

通过 Smart3 软件，对采集的平板电脑外壳图像进行导入，导入的图像如图 5-14 所示。

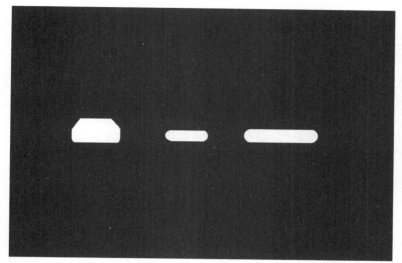

平板电脑
外壳孔位测
量项目工件
源图及应用
程序

图 5-14　采集的平板电脑外壳图像

5.1.3　外壳孔位尺寸测量

1. 椭圆孔高度尺寸计算

由于相机每次拍摄时工件位置存在一定偏移，因此首先需要确定待检测的椭圆孔在图像中的位置。"Blob 分析"算子能够实现工件位置的粗定位；通过"找直线"算子提取待检测椭圆孔的上端面和下端面的直线特征，最后通过"几何关系"算子计算得出工件孔的高度尺寸。具体操作步骤如下：

1）添加"Blob 分析"算子，对待检测椭圆孔进行粗定位，如图 5-15 所示。

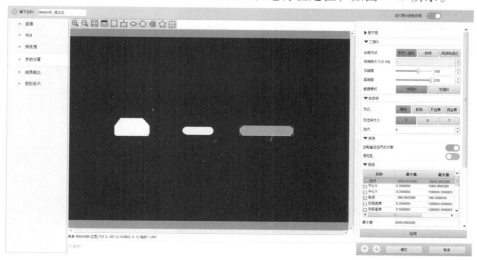

图 5-15　利用 Blob 分析进行粗定位

2）添加"找直线"算子，提取工件孔位上端面和下端面的直线特征，如图 5-16 和图 5-17 所示。

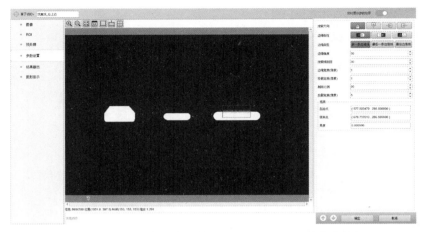

图 5-16　利用"找直线"算子提取孔位上端面的直线特征

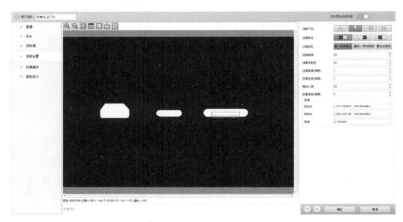

图 5-17　利用"找直线"算子提取孔位下端面的直线特征

3）添加"几何关系"算子，计算孔位两端面直线间的像素距离，如图 5-18 所示。

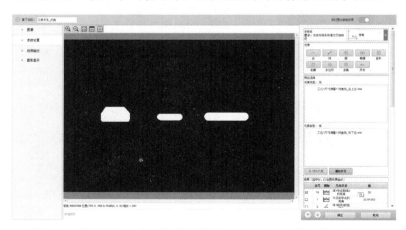

图 5-18　利用"几何关系"算子计算孔位两端面直线间的像素距离

2. 椭圆孔宽度尺寸计算

对于有圆弧轮廓的工件，通过"轮廓提取"算子得到圆弧轮廓点集后，通过"几何关系"算子得到两圆弧端点之间的距离，即宽度尺寸。具体操作步骤如下：

1）添加"轮廓提取"算子，提取所设定 ROI 区域内的圆弧轮廓点集，提取的点集包括圆弧起始点与终止点的坐标信息，如图 5-19 和图 5-20 所示。

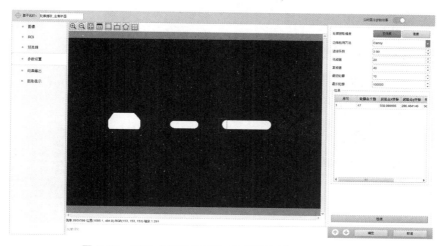

图 5-19　利用"轮廓提取"算子提取椭圆孔左侧半圆

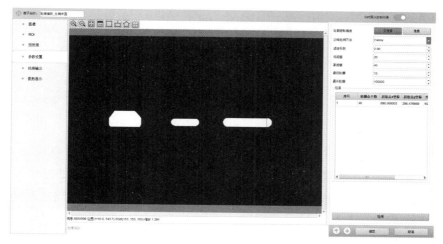

图 5-20　利用"轮廓提取"算子提取椭圆孔右侧半圆

2）添加"几何关系"算子，根据单个圆弧的两端点计算得到宽度信息，如图 5-21 所示。

3）根据成像系统标定得出的单个像素对应的实际物理长度（像素当量），将通过"几何关系"算子计算得出的外壳孔位距离数据（像素距离）转换成实际的距离数据，计算公式为

$$实际距离 = 像素距离 \times 像素当量$$

图 5-22 所示为脚本_数据转换算子内像素距离转换成实际距离的计算内容。

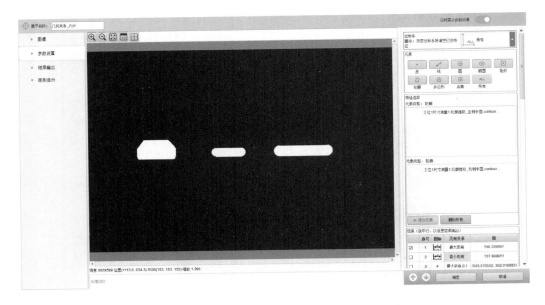

图 5-21 利用"几何关系"算子计算椭圆孔宽度

图 5-22 实际距离的计算

通过上述步骤实现了外壳孔位尺寸的测量。为了判断产品是否满足图 5-2 中的设计要求，可以将实际测量值 L' 与产品的设计值 L 及公差范围进行比较，仅当满足 $L+d_{min} \leqslant L' \leqslant L + d_{max}$ 时（d_{min} 和 d_{max} 分别为产品设计时允许的上下极限偏差），认为待检测的平板外壳满足设计要求，属于合格产品。

【项目总结】

本项目针对平板电脑外壳孔位尺寸测量，在视觉检测硬件上采用高帧率、高分辨率的相机并搭配合适的镜头，保证了平板外壳孔位尺寸检测的精度和效率；通过使用上下两个工位的相机，分别对工件不同位置的孔位进行检测。使用 Smart3 软件的 Blob 分析、找直线、轮廓提取、几何关系等算子工具，对平板电脑外壳的椭圆孔的宽度和高度进行检测，通过底层加速算法对图像和数据进行快速处理，并与下位机进行交互，实现了自动化检测流程，解决了使用传统测量工具速度慢、容易出错等问题。

项目 5.2　手机屏幕定位与表面划痕检测

【知识目标】

1. 熟悉机器视觉在消费电子制造行业的典型应用场景。
2. 熟悉定位与缺陷检测中 2D 相机、镜头、光源的选型知识及参数设置方法。
3. 熟悉 Smart3 软件中的标定、Blob 分析、找直线、几何关系、数据转换等算子功能及参数设置方法。

【技能目标】

1. 能根据定位与划痕检测需求完成 2D 相机、镜头、光源选型及光学成像结构的搭建。
2. 能使用 Smart3 软件标定算子完成手机屏幕定位系统的标定。
3. 会使用 Smart3 软件完成手机屏幕定位及表面划痕的检测分析。

【素养目标】

1. 能够结合实际生产现场的检测需求，选择合适型号的硬件设备，搭建专用的视觉检测系统，并基于采集的图像进行测量，解决实际生产中遇到的现场问题。
2. 在与实际工业生产相一致的职业氛围中培养良好的职业道德、科学的工作方法及团队协作精神。

【项目背景】

随着移动通信技术的迅猛发展和智能手机的普及，手机屏幕作为用户与设备之间主要的交互界面，扮演着至关重要的角色，手机屏幕的生产质量直接影响用户体验。在生产制造过程中，对手机屏幕进行视觉定位和表面划痕检测是一个具有挑战性的任务。手机屏幕在制造过程中可能会出现各种缺陷，如划痕、凹陷及颜色不均等。这些表面缺陷不仅影响产品的外观质量，还可能影响屏幕的功能和使用寿命。现有的人工检测效率低、易存在错装和漏装，难以满足手机生产现场高效率和高精度的检测要求。

本项目将介绍先进的机器视觉技术，并通过图像处理算法快速、准确地实现手机屏幕精确定位与屏幕表面划痕检测。通过本项目的实施，能够改善生产现场手机屏幕表面划痕检测的准确度和检测效率，减少产品错检、漏检，为手机制造商提供高质量的屏幕产品。

【项目描述】

随着工业生产自动化水平不断提高，在执行工序前对产品进行精确定位成为关键步骤之一。本项目以手机屏幕为检测对象，搭建了专用的视觉检测系统，实现手机屏幕定位及表面划痕检测。通过 Smart3 软件的找直线算子实现手机屏幕边缘特征提取；通过几何关系算子计算手机屏幕角点坐标，实现手机屏幕视觉定位；通过 Blob 分析算子对屏幕区域的灰度值进行分析，判断屏幕区域是否存在划痕，从而实现基于机器视觉的手机屏幕定位与表面划痕检测。

【项目准备】

针对手机屏幕视觉定位与表面划痕检测任务，需要完成屏幕定位和外观划痕检测两个内容，分别设计了定位工位与划痕检测工位，如图 5-23 和图 5-24 所示。系统使用的软件和硬件见表 5-2，结合视觉定位、表面划痕检测的精度要求，分别在视觉定位工位与划痕检测工位选用不同型号的相机、光源及镜头。

a) 实物图　　　　　　　　　　　b) 原理图

图 5-23　手机屏幕定位工位实物图与原理图

手机屏幕定位与表面划痕检测项目操作视频

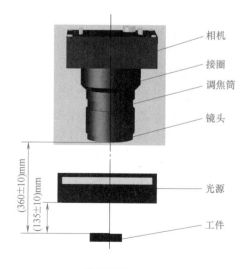

a) 实物图　　　　　　　　　　　b) 原理图

图 5-24　手机屏幕划痕检测工位实物图与原理图

表 5-2　手机屏幕视觉定位与划痕检测系统软件和硬件

序号	名称	型号	参数/描述	数量
1	软件	Smart3	图像处理与分析软件	1
2	工控机	SCI-EVC2-5	Windows10 系统,CPU:i5-7500,内存:DDR4 4GB	1
3	相机 1	OPT-CC1-M050-GR0-03	组装工位相机,分辨率:2592×1944	1
4	镜头 1	OPT-COB5028-V3.0	组装工位镜头,工作距离:410mm	1
5	光源 1	OPT-FL7070-W	组装工位光源,背光源尺寸:70mm×70mm,工作距离:35mm	1
6	相机 2	OPT-CLM108-L80-17	检测工位相机,分辨率:8192×1	1
7	镜头 2	OPT-VGP116/4.8-0.5X-V2.0	检测工位镜头,116mm 焦距光圈最大 F 值:4.8,工作距离:360mm	1
8	光源 2	OPT-LSSC365-W	检测工位光源,工作距离:135mm	1

【项目实施】

在完成手机屏幕视觉定位和表面划痕检测系统搭建的基础上,需要对搭建的检测系统进行系统标定和图像采集测试,具体过程参考项目 5.1。下面重点介绍通过采集的图像进行视觉定位与划痕检测的步骤。

5.2.1　图像导入与流程图设计

将采集的图像导入 Smart3 软件中进行分析,如图 5-25 和图 5-26 所示。

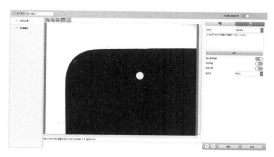

图 5-25　定位导入图像

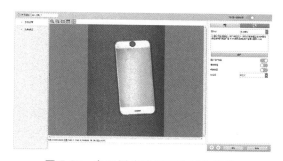

图 5-26　表面划痕检测工位导入图像

手机屏幕视觉定位和表面划痕检测设计的图像处理程序如图 5-27 所示,需要完成视觉系统标定、图像采集以及在 Smart3 软件中对采集的图像进行视觉定位和外观检测。

手机屏幕定位与表面划痕检测项目工件源图及应用程序

5.2.2　手机屏幕视觉定位

基于采集的图像实现手机屏幕视觉定位的核心在于选择/构造定位特征。对于手机屏幕而言,边缘直线是最易识别的特征,通过提取的边缘直线,进一步构造角点作为定位特征,具有构造方便、适应性强等优势。在 Smart3 软件中,通过找直线算子可以提取屏幕边特征,通过几何关系算子可以计算直线交点坐标,最后通过数据转换算子计算交点的世界坐标。具体操作步骤如下:

1）使用找直线算子提取手机壳顶端和左侧边缘直线特征，如图 5-28 和图 5-29 所示。

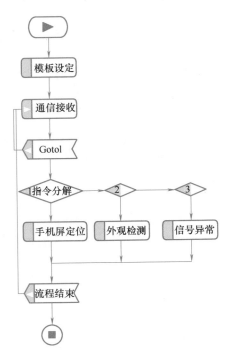

图 5-27　手机屏幕视觉定位和表面划痕检测
设计的图像处理程序

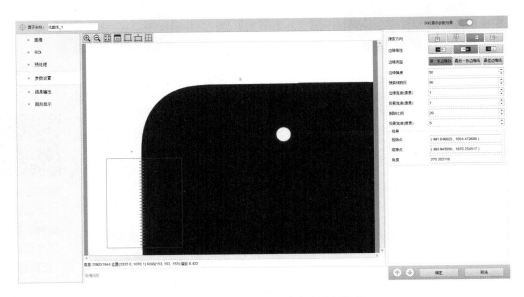

图 5-28　手机壳左侧边缘直线特征提取

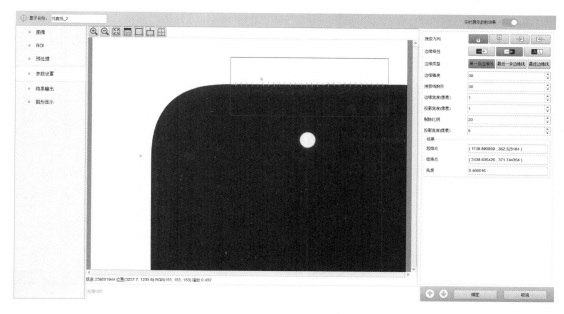

图 5-29　提取手机壳顶端边缘直线特征

2）使用几何关系算子计算两条直线的交点像素坐标，如图 5-30 所示。

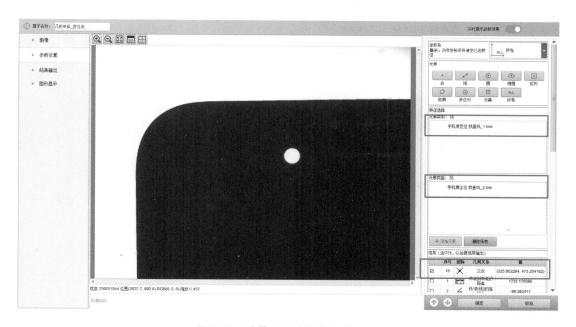

图 5-30　计算手机壳特征直线交点

3）使用数据转换算子将交点的像素坐标转换为物理坐标，如图 5-31 所示。

4）如图 5-32 所示，将计算得到的手机屏幕定位坐标与设定好的定位视觉模板值（可自行设定）进行对比，得到实际零件与标准设计模板的偏差。

图 5-31　转换像素坐标获取物理坐标

```
1  var a=工位一_数据转换_1.几何关系_定位点_intersectionPointCalib.x
2  var b=工位一_数据转换_1.几何关系_定位点_intersectionPointCalib.y
3
4  if(工位一_逻辑运算_1.logicResult)
5  {
6      Vars.定位偏差.x=Vars.定位模板.x-a
7      Vars.定位偏差.y=Vars.定位模板.y-b
8      Vars.定位结果="OK"
9  }
10 else
11 {
12     Vars.定位偏差.x="999"
13     Vars.定位偏差.y="999"
14     Vars.定位结果="NG"
15 }
16
17 c=decimalsCut(Vars.定位偏差.x,2,0)
18 d=decimalsCut(Vars.定位偏差.y,2,0)
19 Vars.发送信号="A,"+c+","+d+","+Vars.定位结果+";"
```

图 5-32　组装工位脚本计算流程

5.2.3　手机表面划痕检测

1）使用 Blob 分析算子对手机屏幕进行粗定位，如图 5-33 所示。

2）利用图 5-33 中粗定位特征中点设置"ROI 基准校正"，如图 5-34 所示。

3）调用 Blob 算子，调整 ROI 框到合适的范围（覆盖被检测屏幕区域），设置筛选条件时，关键是设置面积值中的最小像素值，不能设置得过小，否则会因屏幕上的细小灰尘或脏污等导致检测异常（误判），根据经验值，本例中的最小值选择 100，最大值为软件默认值，如图 5-35 所示。

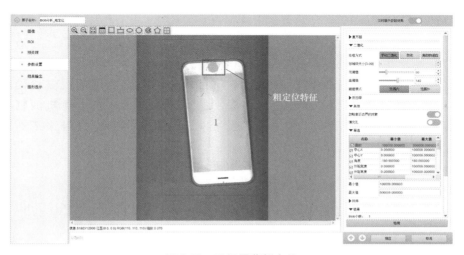

图 5-33　手机屏幕粗定位

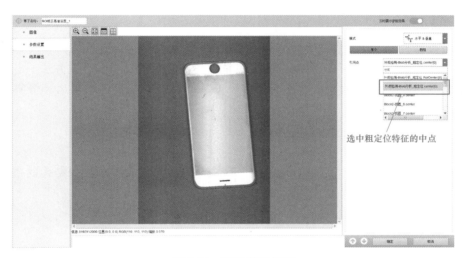

图 5-34　ROI 基准校正

图 5-35　表面划痕检测

【项目总结】

本项目主要应用于手机屏幕视觉定位和表面划痕检测领域。传统的人工定位测量方法存在定位精度差、组装速度慢等问题，本项目构建了一套专用的视觉检测系统。基于采集的手机屏幕图像，运用 Smart3 软件提供的算子工具，实现了手机的精确定位和屏幕划痕检测，能够提高手机屏幕自动检测效率，为手机屏幕检测带来了新的检测手段和方法。

项目5.3　半导体芯片引脚缺失检测

【知识目标】

1. 熟悉机器视觉在半导体芯片制造行业的应用场景。
2. 熟悉芯片缺陷检测中 2D 相机、镜头、光源的选型知识及参数设置方法。
3. 熟悉 Smart3 软件中的灰度匹配、ROI 校正基准、灰度测量、逻辑运算等算子功能及参数设置方法。

【技能目标】

1. 会根据缺陷检测需求，完成 2D 相机、镜头、光源选型及光学成像结构的搭建。
2. 会使用 Smart3 软件完成芯片引脚的缺失检测。

【素养目标】

1. 能够结合实际生产现场的检测需求，选择合适型号的硬件设备，搭建专用的视觉检测系统，并基于采集的图像进行测量，解决实际生产中遇到的现场问题。
2. 在与实际工业生产相一致的职业氛围中培养良好的职业道德、科学的工作方法及团队协作精神。

【项目背景】

在芯片生产制造过程中，制造工艺、材料和环境等因素的改变易导致芯片产生缺陷。芯片质量检测作为芯片生产线中的关键环节，对及时了解各生产环节的运行状态具有重要作用。现有的人工目视检测方法因其存在效率低、精度低、劳动强度大和易受主观影响等缺点，正逐步被自动检测技术所取代。

芯片制造过程中产生的缺陷大致可划分为划伤、异物、元件缺陷（凸起、错位或缺失）、金属性污染物和蚀刻液脏污残留等几类。本项目以芯片引脚缺失检测为例，介绍机器视觉检测技术在芯片检测领域的应用。图 5-36 所示为包含引脚缺失的待检测芯片。

【项目描述】

引脚缺失是芯片常见的缺陷之一，本项目针对芯片引脚缺失搭建了视觉检测系统，通过对采集的图像建立 ROI 校正基准，使用灰度分析算子实现了芯片引脚缺失的视觉检测。

【项目准备】

待检测芯片尺寸通常较小，本项目检测的芯片尺寸为 8.75mm×7.07mm。选用 500 万像素黑白工业相机，搭配 1 倍放大倍率的远心镜头，选用尺寸可覆盖约 20 个芯片轮廓的背光源，最

图 5-36　芯片实物图

终搭建的芯片引脚缺失视觉检测系统如图 5-37 所示，系统使用的软件和硬件见表 5-3。

a) 实物图

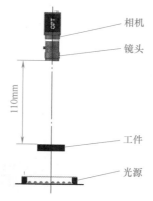

b) 原理图

图 5-37　芯片引脚缺失视觉检测系统实物图与原理图

表 5-3　芯片引脚缺失视觉检测系统软件和硬件

序号	名称	型号	参数/描述	数量
1	软件	Smart3	图像处理与分析软件	1
2	工控机	SCI-EVC2-5	Windows10 系统，CPU：i5-7500，内存：4GB	1
3	相机	OPT-CC1-M050-GG1	分辨率：2448×2048	1
4	镜头	OPT-C5025-5M	50mm 焦距，光圈最大 F 值：2.5	1
5	接圈	SCI-JQ5MM	5mm 接圈	2
6	光源	OPT-FL3022-B	背光源 尺寸 30mm×22mm	1
7	光源控制器	OPT-DPA2024E-4	4 通道，数字型控制器	1

【项目实施】

在完成芯片引脚缺失视觉检测系统搭建的基础上，通过 Smart3 软件提供的标定模块对成像系统进行标定并进行图像采集测试，具体过程参考模块 5 的项目 5.1。下面介绍基于采集的图像进行引脚缺失视觉检测的实施步骤。

1）在 Smart3 软件中导入采集的芯片图像，如图 5-38 所示。

半导体芯
片引脚缺
失检测项
目工件源
图及应用
程序

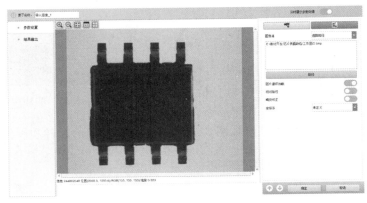

图 5-38　导入图像

2）通过"灰度匹配"算子进行粗定位，目的是建立 ROI 校正基准，如图 5-39 所示。

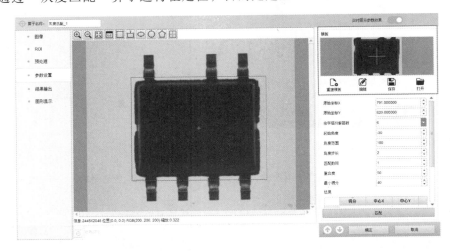

图 5-39　建立 ROI 校正基准

3）使用 ROI 校正基准设置算子进行 ROI 定位和角度调节，如图 5-40 所示。

4）通过灰度测量算子检测设定位置的灰度值，如图 5-41 所示。

5）如图 5-42 所示，设置灰度值范围并与灰度测量算子测得的灰度值进行比较，判断是否存在引脚缺失的情况（当检测图像中芯片脚缺失或过短时，对应的灰度值会大于100）。

6）重复步骤 4）、5），对同一芯片的其他 7 个引脚区域进行检测，进行灰度测量，即可检测出芯片的 8 个引脚是否存在缺失或过短情况。最后，通过逻辑运算算子工具整合判断条件，计算结果如图 5-43 所示。

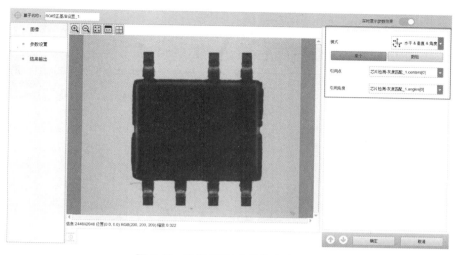

图 5-40　进行 ROI 定位和角度调节

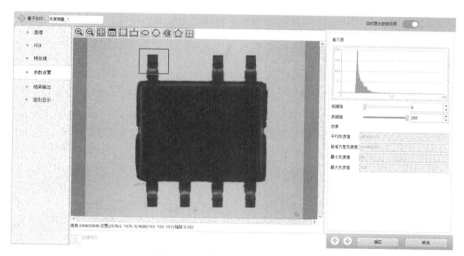

图 5-41　测量芯片引脚灰度值

图 5-42　设置灰度值测量范围

图 5-43　逻辑运算判断检测结果

【项目总结】

零件异常检测在工业生产现场具有大量需求。本项目重点检测芯片引脚的缺失情况，搭建了专用的视觉检测系统，选择合适的光源来突出芯片引脚的特征，从而减少背景对检测结果的影响。使用 Smart3 软件的灰度匹配和 ROI 基准校正等功能来精确定位待检测图像中的芯片，通过检测芯片引脚区域的灰度值，对引脚缺失或者引脚过短等异常情况进行识别。通过本项目的实施，可以提高芯片检测的效率，并且进一步拓展至工业现场的其他零件异常检测场景中。

项目 5.4　新能源锂电池顶盖测量

【知识目标】

1. 熟悉 3D 机器视觉检测在锂电池制造行业的应用场景。
2. 了解 3D 激光传感器的测量原理。
3. 熟悉 3D 激光传感器的选型知识及参数设置方法。
4. 熟悉 Smart3 软件中的平面校正、三维预处理、高度测量、平面度等算子功能及其参数设置方法。

【技能目标】

1. 能根据 3D 测量需求完成 3D 激光传感器的选型。
2. 能使用 3D 激光传感器成像软件完成三维点云的采集。

3. 能使用 Smart3 软件完成电池顶盖数据的测量分析。

【素养目标】

1. 多人协作完成锂电池顶盖三维视觉检测系统搭建，基于采集的三维点云分析，独自完成电池顶盖极柱高度、顶盖平面度计算，思考搭建的三维检测系统在其他工业场景中的应用。

2. 在与实际工业生产相一致的职业氛围中培养良好的职业道德、科学的工作方法及团队协作精神。

【项目背景】

锂电池在各领域的应用日趋广泛，尤其是在电动汽车、储能等领域。目前，各大锂电池制造商纷纷加大了研发力度，并朝着"三高三化"的方向发展，即高品质、高效、高稳定性和信息化、无人化、可视化。新能源锂电池种类较多，根据加工工艺和外形，主要分为圆柱形电池、方形硬壳电池和软包锂电池 3 种，如图 5-44 所示。

a) 圆柱形电池　　　　　　b) 方形硬壳电池　　　　　　c) 软包锂电池

图 5-44　常见的新能源锂电池类型

应用最广泛的是新能源汽车上的方形锂电池，方形锂电池的顶盖质量决定了锂电池本身的封装质量和锂电池组（锂电池叠加组合）的生产质量，所以对顶盖端面的平面度测量与正负极柱的高度差测量尤为重要。本项目将对方形锂电池的顶盖平面度以及正、负极柱的高度差进行测量，锂电池顶盖实物如图 5-45 所示，尺寸约为 148mm×39.5mm。

图 5-45　方形锂电池顶盖

【项目描述】

本项目针对新能源锂电池顶盖相关数据进行测量，保证后续锂电池集成工序的顺利进行。检测中采用 3D 激光传感器搭建与顶盖相对运动的机构，完成锂电池顶盖的扫描与测量；通过 3D 视觉驱动软件完成 3D 点云图的准确采集，并使用 Smart3 软件，通过调用相关算子工具，完成顶盖正极柱高度、负极极柱高度和顶盖平面度 3 个参数的检测与分析。

【项目准备】

为了实现锂电池正、负极柱的高度及顶盖平面度的检测，根据检测精度要求为±0.015mm，可初步选择满足检测精度要求的 3D 激光传感器；检测的锂电池宽度为 39.5mm，选用的 3D 激光传感器扫描视野要大于 39.5mm 才能完整扫描出整个工件的图像。综合工件尺寸及检测要求等，选择型号为 SCI-LPE70 的 3D 激光传感器。正确连接 3D 激光传感器与工控机，并调整 3D 激光传感器到被测锂电池顶盖表面距离为 70mm，搭建好的锂电池顶盖三维检测系统如图 5-46 所示（本项目以锂电池顶盖正上方检测为例），锂电池顶盖三维视觉检测系统所用的软件和硬件见表 5-4。

新能源锂
电池顶盖
测量项目
操作视频

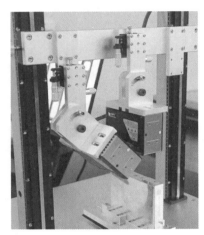

图 5-46　锂电池顶盖三维检测系统

表 5-4　锂电池顶盖三维视觉检测系统软件和硬件

序号	名称	型号	参数/描述	数量
1	3D 成像软件	OPT Camera 3D Viewer	3D 成像参数调试软件	1
2	软件	Smart3	图像处理与分析软件	1
3	工控机	SCI-EVC2-5	Windows10 系统，CPU：i5-7500；内存：DDR4 4GB	1
4	3D 激光传感器	SCI-LPE70	工作距离：70m；x 轴宽度：38mm；x 轴点间距：16μm；x 轴重复精度：12μm；z 轴量程：39mm；z 轴线性度：±0.02％；扫描速度：1400～9500Hz	1
5	电源/数据连接线	SCI-LPZA3	3m	1

【项目实施】

5.4.1　点云图像采集

打开 3D 成像软件 OPT Camera 3D Viewer，参考项目 5.1 中相机连接设置，连接 3D 激光传感器。OPT Camera 3D Viewer 软件主界面如图 5-47 所示。

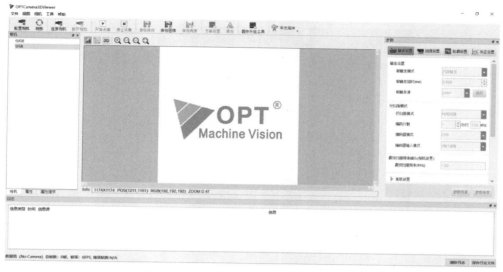

图 5-47　OPT Camera 3D Viewer 主界面

通过调节 OPT Camera 3D Viewer 软件中的相关参数，完成锂电池顶盖三维点云图的采集，实际采集获得的点云图如图 5-48 所示。

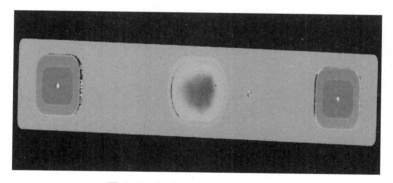

图 5-48　锂电池顶盖 3D 点云图像

新能源锂
电池顶盖
测量项目
三维点云
图及应用
程序

5.4.2　顶盖正负极柱高度计算

实现锂电池顶盖正负极柱高度的计算，主要通过 Smart3 软件中的高度测量算子。在锂电池顶盖平面选取 4 个矩形区域拟合为一个基准面，再选择锂电池正、负极柱表面的区域，极柱面最高点的高度值相对于拟合的基准面的距离即为此极柱的高度值，具体操作步骤如下：

1）对采集的三维图像调用平面校正算子，在顶盖平面选取 4 个矩形区域，进行平面校正并建立基准面，如图 5-49 所示。

2）通过三维预处理算子中的三维二值化功能完成 Z 方向检测区域的选取，并通过三维开运算功能剔除图像中噪点，去噪结果如图 5-50 所示。

3）通过三维图像转换算子将图像由三维图像转换为二维图像，如图 5-51 所示。

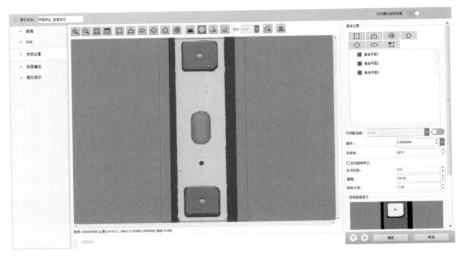

图 5-49　图像的平面校正

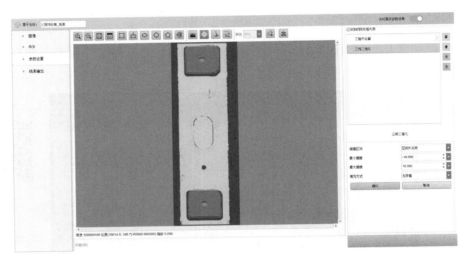

图 5-50　三维预处理

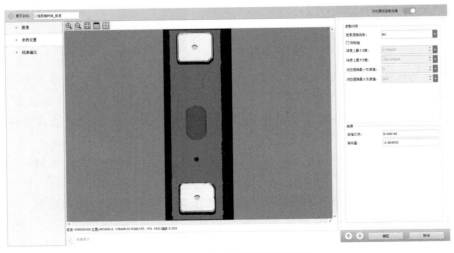

图 5-51　三维图像转换算子界面

4）通过灰度匹配算子建立匹配模板，如图 5-52 所示。

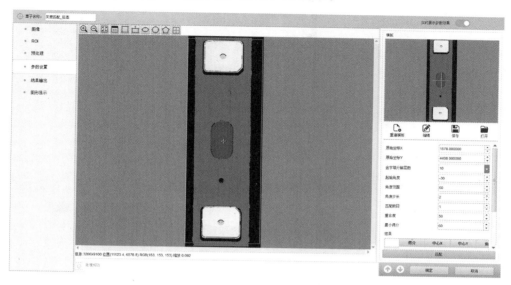

图 5-52　建立灰度匹配模板

5）通过 ROI 校正基准设置算子，根据灰度匹配定位点建立 ROI 校正基准，如图 5-53 所示。

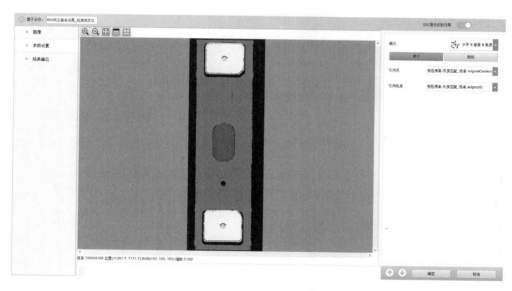

图 5-53　建立 ROI 校正基准

6）通过找圆算子获取电池正、负极柱上圆的特征参数，如图 5-54 和图 5-55 所示。

7）获取两个圆特征后，再通过 ROI 校正基准设置算子分别对正、负极柱圆建立两个 ROI 校正基准，如图 5-56 和图 5-57 所示。

8）调用高度测量算子，引用对应的 ROI 校正基准，分别对电池正、负极柱进行高度测量，并使用脚本计算检测结果，如图 5-58~图 5-60 所示。

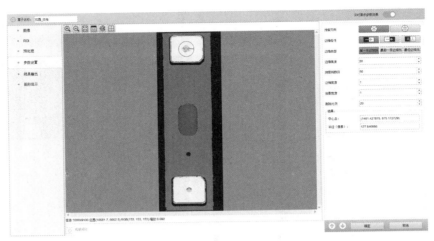

图 5-54　负极柱提取圆特征

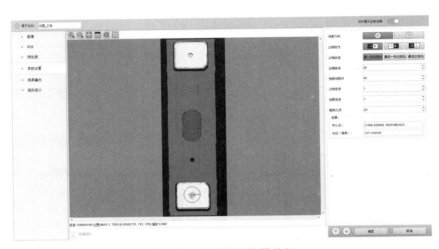

图 5-55　正极柱提取圆特征

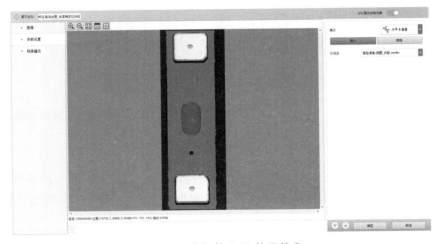

图 5-56　负极柱 ROI 校正基准

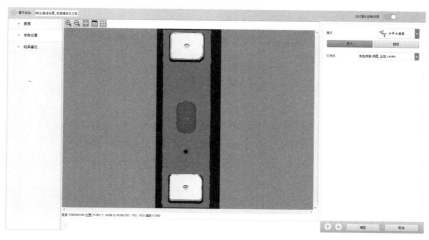

图 5-57　正极柱 ROI 校正基准

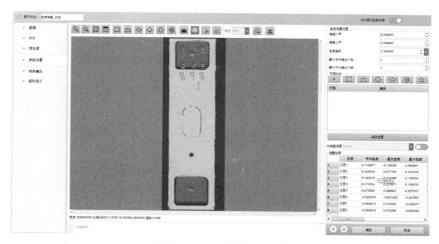

图 5-58　测量负极柱高度

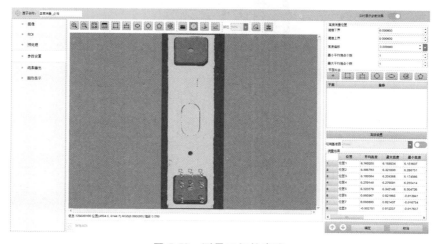

图 5-59　测量正极柱高度

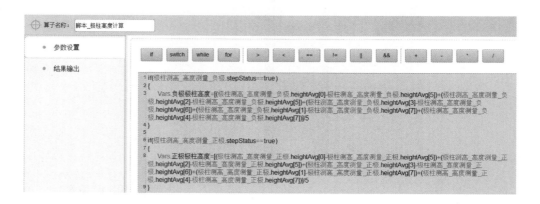

图 5-60 使用脚本计算检测结果

5.4.3 顶盖平面度计算

通过平面度算子对待检测区域位置进行测量，即可算出上顶盖的平面度，具体步骤如下。

1）通过找直线算子提取锂电池直线特征，构建 ROI 精定位基准，如图 5-61～图 5-64所示。

2）使用平面度检测工具对锂电池表面进行平面度检测，如图 5-65 所示。

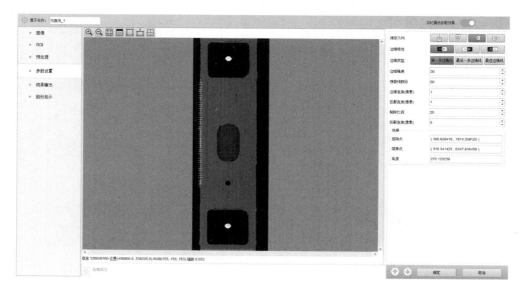

图 5-61 找顶盖面左侧边界线

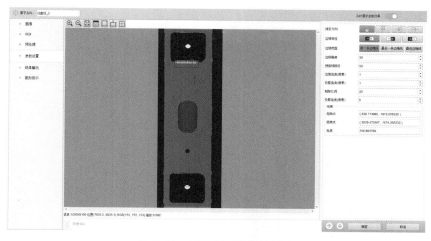

图 5-62　找顶盖面极柱边界线

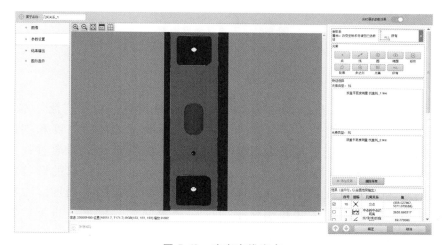

图 5-63　确定直线交点

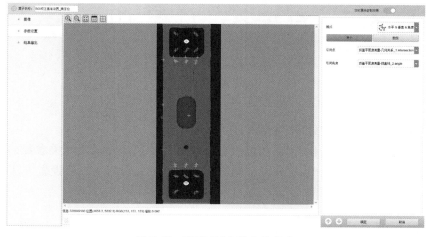

图 5-64　确定 ROI 精定位基准

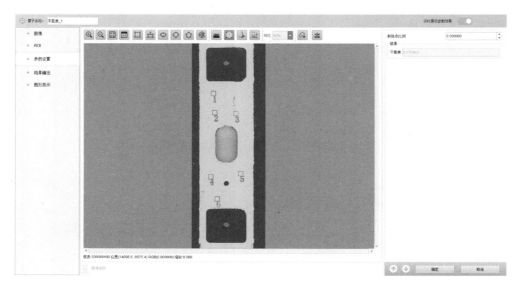

图 5-65　三维平面度检测

【项目总结】

　　通过采集工件三维点云进行零件尺寸分析在工业检测领域应用广泛。本项目以新能源锂电池为检测对象，介绍了基于三维点云实现锂电池顶盖极柱高度和端面平面度计算的实施步骤。通过 ROI 校正基准设置算子建立极柱的测量基准，通过找圆算子在投影的二维图像中提取极柱上的圆特征，通过高度测量算子计算提取的圆特征距离构建测量基准间的距离作为极柱高度，通过平面度算子分析顶盖的平面度。本项目介绍的案例解决了锂电池顶盖极柱高度和端面平面度的测量问题，可进一步推广至其他零部件的三维尺寸测量。

项目 5.5　汽车零部件保护胶塞分类检测

【知识目标】

1. 熟悉机器视觉在汽车零部件制造行业的应用场景。

2. 熟悉视觉分类检测应用中 2D 相机、镜头、光源的选型知识及相关参数的设置方法。

3. 熟悉 Smart3 软件中的 Blob 分析、逻辑运算等算子的功能及参数设置方法。

【技能目标】

1. 会根据分类检测需求完成 2D 相机、镜头、光源选型及光学成像结构的搭建。

2. 会使用 Smart3 软件完成不同类型胶塞的分类。

【素养目标】

1. 掌握通过视觉图像进行尺寸测量的基本流程，能够结合实际生产现场的尺寸检测需求，选择合适型号的硬件设备，搭建专用的视觉检测系统，并基于采集图像进行尺寸测量，解决实际生产遇到的问题。

2. 在与实际工业生产相一致的职业氛围中培养良好的职业道德、科学的工作方法及团队协作精神。

【项目背景】

随着计算机技术的不断发展，在图像与视频分析方面基于机器视觉的目标分类识别受到广泛关注，在工业生产现场也有大量应用。图 5-66 所示为常见的保护胶塞，其产品类型多样，有两叉胶塞、三叉胶塞等。传统的胶塞分类采用人工肉眼目视分拣，检测效率低、存在易漏检、易错检等问题。本项目以保护胶塞为例，搭建了胶塞分类判断检测视觉系统，实现基于机器视觉的胶塞分类。

图 5-66　保护胶塞

【项目描述】

针对工业视觉检测领域常见的视觉识别分类场景，本项目围绕胶塞分类搭建了专用的视觉分类检测系统。通过使用 Smart3 软件提供的标定模块完成成像系统标定，使用 Blob 分析算子对胶塞特征进行提取，根据提取的特征数量对不同类型的胶塞进行分类。

【项目准备】

为了实现对不同类型胶塞的准确识别，采用同轴光源和背光源，以减少背景信息的干扰，搭建的胶塞视觉分类检测系统如图 5-67 所示，系统涉及的软件和硬件见表 5-5。

a) 实物图

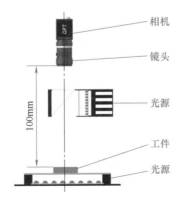

相机

镜头

光源

工件

光源

b) 原理图

汽车零部件保护胶塞分类检测项目操作视频

图 5-67　胶塞视觉分类检测系统的实物图与原理图

表 5-5　胶塞视觉分类检测系统软件和硬件

序号	名称	型号	参数/描述	数量
1	软件	Smart3	图像处理与分析软件	1
2	工控机	SCI-EVC2-5	Windows10 系统；CPU：i5-7500；内存：DDR4 4GB	1
3	相机	OPT-CM600-GL-04	分辨率：3072×2048	1
4	镜头	OPT-COB3528-8M	35mm 焦距，光圈最大 F 值：2.8	1
5	接圈	SCI-JQ5MM	5mm 接圈	2
6	光源	OPT-FL3022-W	白色背光源 尺寸为 30mm×22mm	1
7	光源	OPT-CO50-W	白色同轴光源 外形宽度为 50mm	1
8	光源控制器	OPT-DPA2024E-4	4 通道，数字型控制器	1

【项目实施】

本项目涉及的不同类型胶塞主要区别在于顶部的数量为两叉或三叉。因此，可以通过 Smart3 软件提供的 Blob 分析算子提取胶塞特征，根据提取的胶塞特征个数，判断检测的对象是两叉胶塞还是三叉胶塞。不同类型的胶塞检测结果如图 5-68 和图 5-69 所示。

汽车零部件
保护胶塞分
类检测项目
工件源图及
应用程序

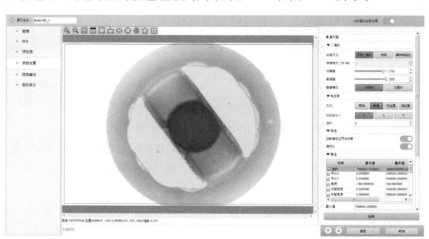

图 5-68　两叉胶塞检测结果

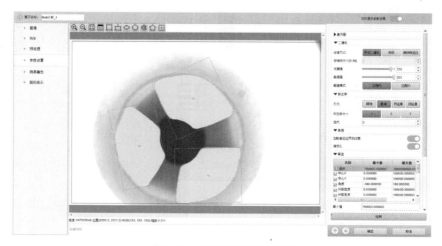

图 5-69　三叉胶塞检测结果

使用逻辑运算算子工具判断前面 Blob 分析的检测结果，如图 5-70 所示。

图 5-70　胶塞分类判断-逻辑运算

【项目总结】

本项目针对胶塞分类需求，搭建了专用的胶塞视觉识别系统，可进一步用于生产现场产品分拣。本项目实施的关键在于成像部分要选择同轴光源与背光源搭配使用，凸显胶塞特征，减少背景对检测的影响，并使用 Blob 分析算子工具对胶塞进行检测分拣。通过胶塞分类判断检测设备，极大程度地降低了原本使用传统人工目视分拣存在的易漏检、易错检等问题，提高了生产效率与成品率。

项目 5.6　汽车零部件陶瓷块定位检测

【知识目标】

1. 熟悉机器视觉在汽车零部件制造行业的应用场景。
2. 熟悉视觉定位检测应用中 2D 相机、镜头、光源的选型知识及参数设置方法。
3. 熟悉 Smart3 软件中的标定、Blob 分析、灰度匹配等算子功能及参数设置方法。

【技能目标】

1. 能根据分类检测需求完成 2D 相机、镜头、光源选型及光学成像结构的搭建。
2. 会使用 Smart3 软件完成陶瓷块的精准定位及正反面识别。

【素养目标】

1. 能够结合实际生产现场的检测需求，选择合适型号的硬件设备，搭建专用的视觉检测系统，并基于采集的图像进行测量，解决实际生产中遇到的现场问题。

2. 在与实际工业生产相一致的职业氛围中培养良好的职业道德、科学的工作方法及团队协作精神。

【项目背景】

定位检测技术是机器视觉技术在工业生产中的重要应用之一。通过机器视觉对产品的几何结构进行识别，对其在产线上进行精确定位，可为后续的生产流程提供准确的基础信息。陶瓷材料具有低密度、耐热和耐磨的特点，用陶瓷材料制造气门、气门座、挺柱、气门弹簧和摇臂，可以减少气门座的变形和落座时的弹跳，降低噪声与振动，延长使用寿命。本项目以汽车使用的陶瓷块工件为例（图 5-71），介绍通过机器视觉对陶瓷块工件进行定位和检测。

【项目描述】

本项目以陶瓷块为检测对象，围绕汽车陶瓷块工件的精准定位搭建一套视觉检测系统。使用 Smart3 软件对视觉检测系统进行标定，通过 Blob 分析算子实现产品特征的提取，并通过灰度匹配算子工具区分其正反面，实现定位坐标的精确计算。

图 5-71　陶瓷块工件

【项目准备】

搭建的陶瓷块定位视觉检测系统如图 5-72 所示，系统涉及的软件和硬件清单见表 5-6。

汽车零部件
陶瓷块定位
检测项目
操作视频

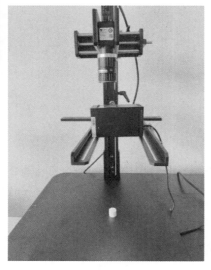

a) 实物图

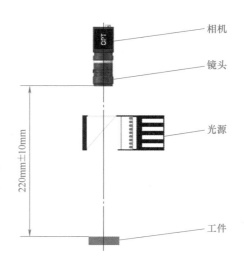

b) 原理图

图 5-72　陶瓷块定位视觉检测系统实物图与原理图

表 5-6　陶瓷块定位视觉检测系统软件和硬件清单

序号	名称	型号	参数/描述	数量
1	软件	Smart3	图像处理与分析软件	1
2	工控机	SCI-EVC2-5	Windows10 系统,CPU:i5-7500,内存:DDR4 4GB	1
3	相机	OPT-CM600-GL-04	分辨率:3072×2048	1
4	镜头	OPT-COB3528-8M	35mm 焦距,光圈最大 F 值:2.8	1
5	光源	OPT-CO50-W	白色同轴光源,外形宽度 50mm	1
6	光源控制器	OPT-DPA2024E-4	4 通道,数字型控制器	1

【项目实施】

1）如图 5-73 所示，通过棋盘格标定板对相机进行标定，计算出像素当量值。

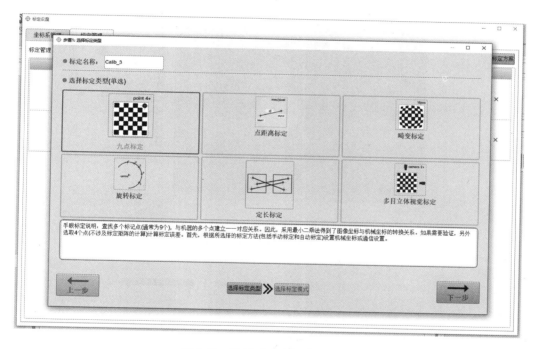

图 5-73　选择"九点标定"类型

2）使用 Smart3 软件的 Blob 分析算子抓取陶瓷块特征，调整高阈值和低阈值范围，以获取陶瓷块的定位中点，并通过数据转换标定坐标系得到实际坐标值，如图 5-74 所示。

3）使用 Smart3 软件的灰度匹配算子，对陶瓷块正面建立匹配模板获取其灰度信息，用于判断陶瓷块产品的正反面，如图 5-75 所示。

4）将获取到的定位坐标做判断赋值，得到陶瓷块的定位坐标信息和正反面状态，如图 5-76 所示。

汽车零部件
陶瓷块定位
检测项目工
件源图及应
用程序

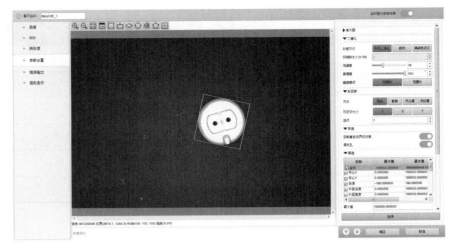

图 5-74　Blob 分析获取产品坐标值

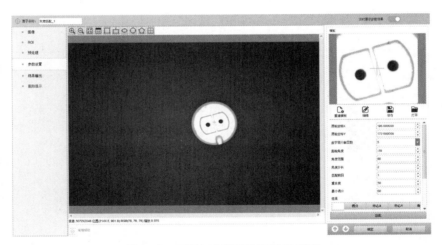

图 5-75　匹配灰度判断陶瓷块正反面

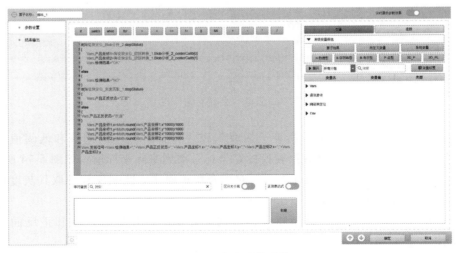

图 5-76　脚本赋值计算

【项目总结】

本项目通过视觉检测技术实现了陶瓷块的精准定位，搭建了专用的定位视觉检测系统，本项目实施的关键在于成像部分能选择同轴光源，凸显陶瓷块特征，使用 Smart3 软件中的 Blob 分析、灰度匹配算子完成陶瓷块的精确定位与正反识别检测。在本项目中搭建的定位视觉检测系统极大程度地降低了原本使用传统人工目视分拣存在的易漏检、易错检等问题，提高了生产效率与成品率。

项目 5.7　汽车零部件矩形支架定位与测量

【知识目标】

1. 熟悉机器视觉在汽车零部件制造行业的应用场景。
2. 熟悉视觉定位与测量应用中 2D 相机、镜头、光源的选型知识及参数设置方法。
3. 熟悉 Smart3 软件中标定、Blob 分析、找直线、几何关系等算子功能及参数设置方法。

【技能目标】

1. 会根据定位与测量需求完成 2D 相机、镜头、光源选型及光学成像结构的搭建。
2. 会使用 Smart3 软件完成矩形支架定位及尺寸测量。

【素养目标】

1. 能够结合实际生产现场的检测需求，选择合适型号的硬件设备，搭建专用的视觉检测系统，并基于采集的图像进行测量，解决实际生产中遇到的现场问题。
2. 在与实际工业生产相一致的职业氛围中培养良好的职业道德、科学的工作方法及团队协作精神。

【项目背景】

定位、测量技术都是机器视觉技术在工业生产中的重要应用之一。通过视觉技术进行图像采集，并基于获取的图像精确计算出目标物的几何尺寸与坐标信息，可为后续的生产流程提供准确的定位信息。

矩形支架作为汽车零部件加工的前端，其尺寸测量的准确性尤为关键，在生产线上进行人工检测产品尺寸的方法效率低、准确度低。人工尺寸检测对微小零件或复杂零件也存在极大的局限性，人工尺寸检验已经不能满足零部件的批量化生产要求。视觉检测系统通过采集零件图像，可以计算得到精确的零件尺寸，已在零件尺寸检测中得到广泛应用。图 5-77 所示为待检测的汽车矩形支架，本项目将通过视觉检测方式实现矩形支架精确定位及其长、宽尺寸的测量。

【项目描述】

　　本项目以汽车矩形支架为检测对象，围绕汽车矩形支架定位测量搭建的一套视觉定位测量系统。使用 Smart3 软件对视觉系统进行标定，通过 Blob 分析的方式实现产品特征的提取，并通过找直线与几何关系测量工件，使用脚本实现定位坐标与尺寸的精确计算。

【项目准备】

图 5-77　汽车矩形支架

　　为了实现汽车矩形支架的定位测量，搭建的视觉系统如图 5-78 所示，系统涉及的软件和硬件清单见表 5-7。通过 Smart3 软件提供的标定模块，完成成像系统标定，并判断系统测量精度是否满足要求。

汽车零部
件矩形支
架定位与
测量项目
操作视频

a) 实物图

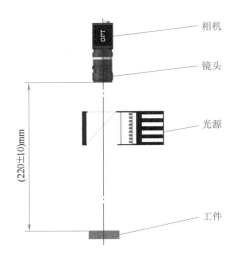

b) 原理图

相机
镜头
光源
工件
(220±10)mm

图 5-78　矩形支架定位与测量视觉检测系统实物图与原理图

表 5-7　矩形支架定位与测量视觉检测系统软件和硬件清单

序号	名称	型号	参数/描述	数量
1	软件	Smart3	图像处理与分析软件	1
2	工控机	SCI-EVC2-5	Windows10 系统,CPU:i5-7500,内存:DDR4 4GB	1
3	相机	OPT-CM600-GL-04	分辨率:3072×2048	1
4	镜头	OPT-COB3528-8M	35mm 焦距,光圈最大 F 值:2.8	1
5	光源	OPT-CO50-W	白色同轴光源,外形宽度为 50mm	1
6	光源控制器	OPT-DPA2024E-4	4 通道,数字型控制器	1

【项目实施】

　　1）通过 Blob 分析算子获得产品定位点，如图 5-79 所示。

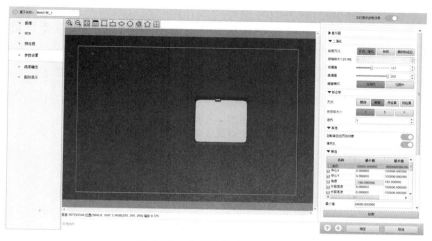

汽车零部件
矩形支架定
位与测量项
目工件源图
及应用程序

图 5-79   分析获取产品定位点

2）利用找直线算子获取矩形支架 4 条边的相关参数，如图 5-80 所示。

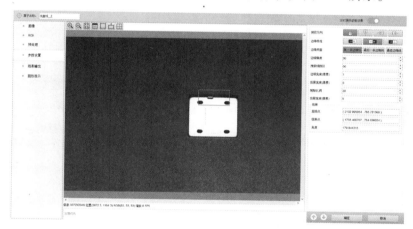

图 5-80   获取矩形支架 4 条边的相关参数

3）通过几何关系算子工具计算获得产品长边、短边距离，如图 5-81 所示。

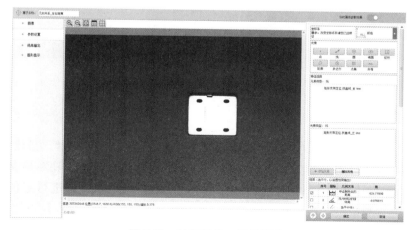

图 5-81   计算长边、短边距离

4）通过数据转换算子将获得的产品定位点转换成世界坐标值，通过标定算子提取前面已完成标定的像素当量，如图 5-82 所示；并使用脚本算子获得距离和坐标参数的赋值，完成矩形支架的定位坐标与尺寸计算，具体结果如图 5-83 所示。

图 5-82　数据转换

图 5-83　脚本赋值

【项目总结】

本项目通过视觉检测技术实现了汽车零部件矩形支架的定位与测量，搭建了有针对性的视觉检测系统。本项目实施的关键在于成像部分能选择同轴光源，凸显矩形支架表面特征，并使用 Smart3 软件中 Blob 分析、找直线和几何关系算子对矩形支架进行定位与尺寸测量。矩形支架的定位与测量设备极大程度降低了原本使用传统人工目视分拣存在的易漏检、易错检等问题，提高了生产效率与成品率。

项目 5.8 新能源汽车锂电池极片的冲片检测

【知识目标】

1. 熟悉机器视觉在新能源汽车锂电池制造行业的应用场景。

2. 熟悉视觉测量与缺陷检测应用中 2D 相机、镜头、光源的选型知识及参数设置方法。

3. 熟悉 Smart3 软件中标定、找直线、几何关系等算子功能及参数设置方法。

【技能目标】

1. 会根据视觉测量与缺陷检测需求完成 2D 相机、镜头、光源选型及光学成像结构的搭建。

2. 会使用 Smart3 软件完成锂电池极片的冲片测量与缺陷检测。

【素养目标】

1. 能够结合实际生产现场的检测需求，选择合适型号的硬件设备，搭建专用的视觉检测系统，并基于采集的图像进行测量，解决实际生产中遇到的现场问题。

2. 在与实际工业生产相一致的职业氛围中培养良好的职业道德、科学的工作方法及团队协作精神。

【项目背景】

在新能源汽车锂电池生产过程中，极片的冲片是一个关键步骤，极片的冲片质量直接影响锂电池的性能和寿命。本项目围绕锂电池正、负极片的冲片检测，针对成卷的正、负极片，通过机器视觉检测引导，进行极耳的切割和极片的等距离分割，最后对分割的极片进行瑕疵检测（包括划痕、条纹、褶皱和黑点等）。成卷的正、负极片在冲片过程中，依靠机器视觉检测技术，保证了冲片的位置与精度。通过实施极片的冲片检测项目，可以有效提高锂电池的生产质量和安全性，同时还可以降低生产成本和人工干预，提高生产效率和产能，对推动新能源汽车产业的发展、提升我国在新能源汽车领域的竞争力具有重要意义。

在本项目中，极片在传送带上的运行速度为 120～260 片/min，冲片加工完成的极片尺寸范围为 100mm×80mm～300mm×200mm。主要需要完成如下视觉检测功能：

1）极耳间的定位：针对已切割出来极耳的某个位置进行精确的定位，为后续的极耳切割与极片分割提供引导与定位，精度要求为 0.05mm。

2）极片的尺寸检测：极片分割后，对极片外形尺寸进行测量。

3）极片的正反面瑕疵检测：极片分割后，对极片正反面进行瑕疵检测。瑕疵种类及标准见表 5-8。

冲片机用于将成卷的正、负极片加工成标准的锂电池极片，冲片示意图如图 5-84 所示。

表 5-8　锂电池极片表面瑕疵种类及检测标准

序号	瑕疵种类	检测标准
1	中间漏箔	不合格
2	极耳侧漏箔	宽度≤0.5mm
3	干料、暗斑	面积≤2mm^2
4	黑点、颗粒	面积≤1mm^2
5	划痕、条纹、褶皱	长度≤2mm,面积≤4mm^2
6	接带、破损	不合格

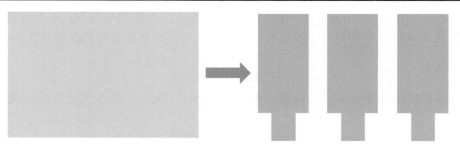

图 5-84　冲片示意图

【项目描述】

　　本项目以新能源汽车锂电池极片（下文简称极片）为检测对象，针对单个锂电池的生产过程，采用机器视觉检测系统对成卷的正、负极片的冲片过程中产生的瑕疵、位置和尺寸等进行检测，配合运动机构，保证冲片过程的精度及对不合格品的剔除。在本项目中，机器视觉检测应用以极片冲片机为载体，以成卷的正、负极片为加工对象，经过冲片（正负极片两个工位），最终分割出合格的正、负极片。

【项目准备】

　　如图 5-85 所示，为精确切割出极耳、等距离分割出极片，并对分割出的极片进行正反面瑕疵检测，锂电池极片的冲片检测共配置了 5 套视觉检测装置，每套视觉检测装置执行不同的检测任务。整个视觉检测系统涉及的软件和硬件见表 5-9。

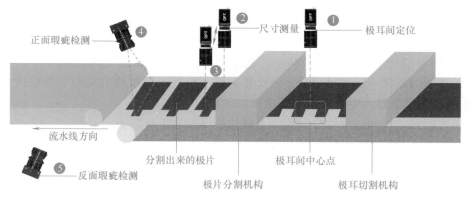

图 5-85　锂电池极片的冲片视觉检测系统

表 5-9　锂电池极片冲片视觉检测系统软件和硬件

序号	名称	型号	参数/描述	数量
1	软件	Smart3	图像处理与分析软件	1
2	标定板	—	总体尺寸:50mm×50mm 方格尺寸:2mm×2mm	1
3	相机1	SCI-CM160-GMP079-04	160万像素 黑白 视觉检测系统①	1
4	镜头1	OPT-C7528-5M	焦距75mm 视觉检测系统①	1
5	白色背光源1	OPT-FL9090-W	尺寸:90mm×90mm 视觉检测系统①	1
6	相机2	SCI-CM1000-GLP079-01	1000万像素 黑白 视觉检测系统②、③	2
7	镜头2	OPT-MC3528-12M	焦距:35mm 视觉检测系统②、③	2
8	白色背光源2	OPT-FL175100-W	尺寸:175mm×100mm 视觉检测系统②、③	2
9	模拟光源控制器	OPT-APA1024F-4	4路,视觉检测系统①、②、③	1
10	线扫相机	SCI-CM0401-S2908-LM4-08	4K,黑白,视觉检测系统④、⑤	2
11	线扫镜头	OPT-CM2528-29M	视觉检测系统④、⑤	2
12	白色线扫光源	OPT-LS482-W	视觉检测系统④、⑤	2
13	模拟线光源控制器	OPT-APA6024-2	视觉检测系统④、⑤	1
14	工控机	—	Windows10系统，CPU：i5-7500，内存：DDR4 4GB	1

5套视觉检测装置各自功能如下。

机器视觉定位成像系统（视觉检测系统①）：对相邻两个极耳间中心点进行定位。冲片过程中，机器视觉定位成像系统对相邻两个极耳间中心点进行点位置检测，并将点位置信息与预设标准模板的偏差值反馈给极耳切割机构，极耳切割机构根据视觉检测系统反馈的偏差值调整切割位置，切割出合格的极耳，极片分割机构按固定位置对极片进行分割。构建机器视觉定位成像系统①，如图5-86所示。

尺寸视觉检测系统（视觉检测系统②、③）：对极耳切割和分割出来的极片进行尺寸检测（因视野原因，采用两套视觉系统），构建的尺寸视觉检测系统②、③如图5-87所示。

极片正反面瑕疵检测系统（视觉检测系统④、⑤）：对分割出来的极片进行正反面的瑕疵检测。图5-88和图5-89所示分别为极片正反面瑕疵检测系统。

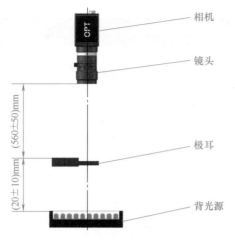

图 5-86　机器视觉定位成像系统①

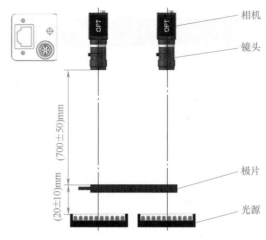

图 5-87　尺寸视觉检测系统②、③

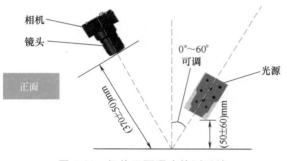

图 5-88　极片正面瑕疵检测系统

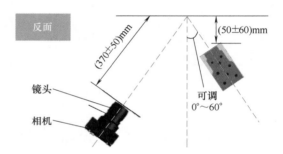

图 5-89　极片反面瑕疵检测系统

【项目实施】

5.8.1　建立定位模板

利用切割的标准样品，通过找直线及几何关系算子获取极耳之间的"肩部"中心点作为基准点并建立模板。图 5-90 中所示点即为选取的基准点。

图 5-90　选定标准模板的基准点

5.8.2　极耳切割与极片分割

送料机将成卷的极片连续输送到极耳切割工位，极耳切割机构根据传送过来的极片图像，通过找直线及几何关系算子工具获取极耳之间的"肩部"中心点，与模板定位点坐标进行对比，根据差值调整切割位置，完成极耳的切割。对应的图像处理程序如图 5-91 所示。

5.8.3　极片尺寸测量

图 5-92 所示为对应的尺寸测量图像处理程序（实际项目中的程序）。极片切割出来后，通过找直线、卡尺和几何关系等算子对极片整体长、宽尺寸与极耳长、宽尺寸进行测量，如果尺寸不符合标准值范围，则后

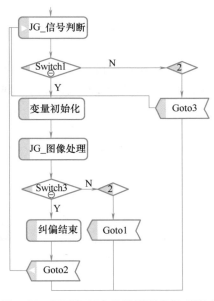

图 5-91　极耳切割定位检测图像处理程序

续工位执行抛料。左分支是负责接收图像采集信号后采集图片，右分支负责对左分支获取的图像进行处理（实现极耳、极片肩部和陶瓷层等位置定位，测量极耳角度和 4 个圆切角面积，计算极片高度和宽度、极耳高度和宽度以及肩宽），最后综合处理结果进行判断并进行正常/异常数据导出。

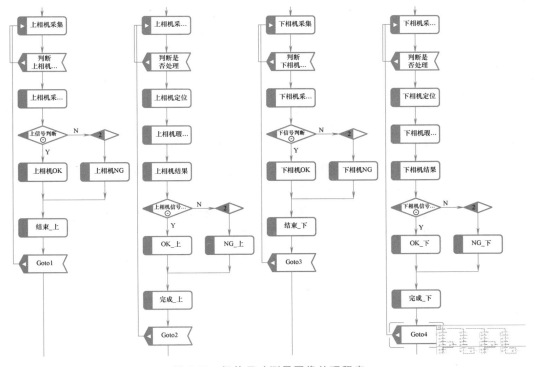

图 5-92　极片尺寸测量图像处理程序

5.8.4 极片瑕疵检测

图 5-93 所示为极片瑕疵检测图像处理程序，尺寸测量完成后，进入极片正反面瑕疵检测。如果极片的正反面出现脏污、划痕和折痕等异常情况，则后续工位执行抛料程序。

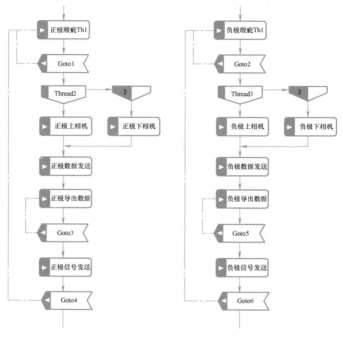

图 5-93　极片瑕疵检测图像处理程序

【项目总结】

本项目针对新能源锂电池的正、负极片进行定位，测量以及瑕疵检测，并引导冲片机构（极耳切割机构与极片分割机构）准确地完成切割与分割动作，在机器视觉检测方案的制订过程中，综合考虑被测物体（极片）本身的检测精度要求及传送带运行速度、视觉系统安装空间等外部因素，制订了合适的视觉检测方案。定位检测的关键是选择合适的定位点，定位点的选择直接影响极耳切割与极片分割的准确性，本项目选取两个相邻极耳间的中心点作为定位点，可保证极耳切割的准确性以及后续极片分割的精度。极片成形后进行尺寸测量与瑕疵检测，保证了加工的极片能够满足生产设计要求。

知识拓展篇

模块6
PROJECT 6
知识拓展项目开发与应用

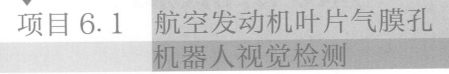

项目6.1　航空发动机叶片气膜孔机器人视觉检测

【知识目标】

1. 熟悉航空发动机叶片对航空发动机的重要作用。
2. 熟悉叶片气膜孔机器人视觉检测系统的构成及各部分的作用。
3. 理解基本的图像处理算法，包括高斯滤波、边缘检测和三角重建等。

【技能目标】

1. 能通过 Matlab 软件完成双目相机参数标定。
2. 能通过工业机器人示教操作完成机器人轨迹编程。
3. 能操作气膜孔检测软件，完成气膜孔数量、孔径及通透性的检测。

【素养目标】

1. 了解航空发动机叶片的重要作用，多人协作完成相机参数标定、气膜孔二维图像采集，独立完成基于双目图像的气膜孔点云三维重建及参数计算。
2. 在与实际工业生产相一致的职业氛围中培养良好的职业道德、科学的工作方法及团队协作精神。

【项目背景】

航空发动机叶片（图 6-1）是航空发动机的重要动力部件，长期工作在高温、高压的恶劣工况下。为保障其工作性能，采用气膜冷却孔结构来降低叶片表面温度，不符合技术要求（如存在不通透熔瘤、孔径偏差过大等）的气膜孔将降低叶片冷却效率，叶片高温、高速运转时可能导致其降温不均匀和局部区域烧蚀，最终影响航空发动机的动力性能，甚至危害飞

图 6-1　航空发动机叶片及其气膜孔

机的飞行安全。

　　叶片气膜孔的数目、通透性和孔径等参数对保证航空发动机工作性能至关重要，传统的检测方法为人工肉眼目视检测，存在随机性大、易漏检、易错检等问题。针对上述问题，本项目搭建了机器人视觉检测系统，通过将机器人技术与视觉检测技术相结合，完成航空发动机叶片气膜孔的准确检测。

【项目描述】

　　本项目以航空发动机叶片为研究对象，围绕其气膜孔检测开展研究，搭建了一套基于双目相机的航空发动机叶片气膜孔机器人视觉检测系统。基于 Matlab 工具箱对系统使用的双目相机参数进行标定，采用高斯滤波方法实现了对采集的图像中噪声的去除；通过边缘检测、三维重建的方式实现了对采集的图像中气膜孔边缘的提取及三维重建，并通过空间圆拟合的方式对重建后的气膜孔检测点进行拟合计算，最终实现了航空发动机叶片气膜孔圆心位置、孔径等参数的精确计算。

【项目准备】

　　航空发动机叶片气膜孔机器人视觉检测系统如图 6-2 所示，主要包括叶片装夹照明装置、机器人双目视觉检测装置、控制与分析终端等几大部分，下面分别介绍各部分的作用。

　　1）叶片装夹照明装置。叶片内部型腔结构复杂，环境光线不易进入叶片内部，导致叶片外表面观测图昏暗，直接使用双目相机也很难确定气膜孔的通透性。通过叶片装夹照明装置，将亮光导入到叶片型腔内部，使光线从叶片内部通过贯通的气膜孔透射出来，由此来判断气膜孔的通透性。

　　2）机器人双目视觉检测装置。机器人双目视觉检测装置包括携带双目相机的 UR 机器人及相应的夹具。UR 机器人搭载双目相机进行运动，从多视角获取叶身的图像数据，双目相机可以获取不同角度下气膜孔的特征图像，利用三维重建的方法实现气膜孔数目的检测及气膜孔孔径的测量。

　　3）控制与分析终端。控制与分析终端包括机器人控制柜、示教器和上位机 3 个部分，可实现 UR 机器人轨迹控制与规划、传感器控制与数据分析、气膜孔数目与孔径计算等功能。

　　该检测系统使用的具体软件和硬件的型号与主要参数见表 6-1。

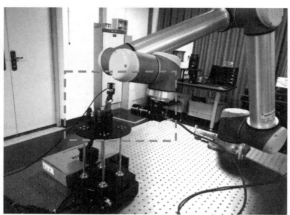

图 6-2　航空发动机叶片气膜孔机器人视觉检测系统

表 6-1　叶片气膜孔机器人视觉检测系统软件和硬件

硬件/软件	型号	主要参数
六自由度机器人	UR10-CB3	运动范围：1300mm，重复定位精度：±0.03mm
工业相机	Basler ace acA2440-75uc	分辨率：2560×1920 像素，测量精度：±0.05mm/像素
计算机	定制	CPU：i7-7700K，内存：16G
分析软件	自主研发	图像采集/图像处理

【项目实施】

　　为了实现气膜孔关键参数的计算，首先需要对使用的相机进行参数标定，保证原始采集图像的准确；接着通过对采集的图像进行边缘检测、椭圆拟合以及三角重建等处理，实现气膜孔孔径的准确计算。

6.1.1　视觉检测系统参数标定

　　在确保各设备之间通信正常的情况下，使用双目工业相机以多位置拍摄标定板进行单相机标定和双相机标定，计算得到双目相机内参（相机焦距、光学中心点坐标、畸变系数）以及两相机间的位置变换关系。

　　下面介绍基于 Matlab 工具箱的标定过程。

　　1）在窗口命令行中输入"StereoCameraCalibrator"，运行之后会弹出一个窗口，如图 6-3 所示。

　　2）单击界面左上角的"Add Images"，输入左相机图片和右相机图片所在的文件夹以及标定板的网格尺寸，本项目所使用的标定板网格尺寸为 25mm，如图 6-4 所示。

　　3）单击"确定"按钮，标定板上的点就会被自动标注，如图 6-5 所示。

图 6-3　Matlab 双目标定工具箱

图 6-4　设置图像读取路径及标定板尺寸

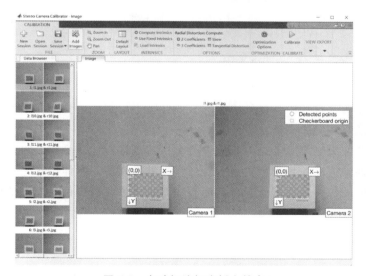

图 6-5　自动标注标定板上的点

4）单击界面上方的 "Calibrate" 按钮，启动标定，结果如图 6-6 所示。

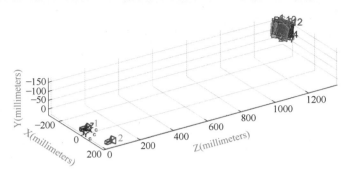

图 6-6　标定结果可视化显示

5）在 Matlab 的工作区内可以看到双目相机标定的结果，如图 6-7 所示。

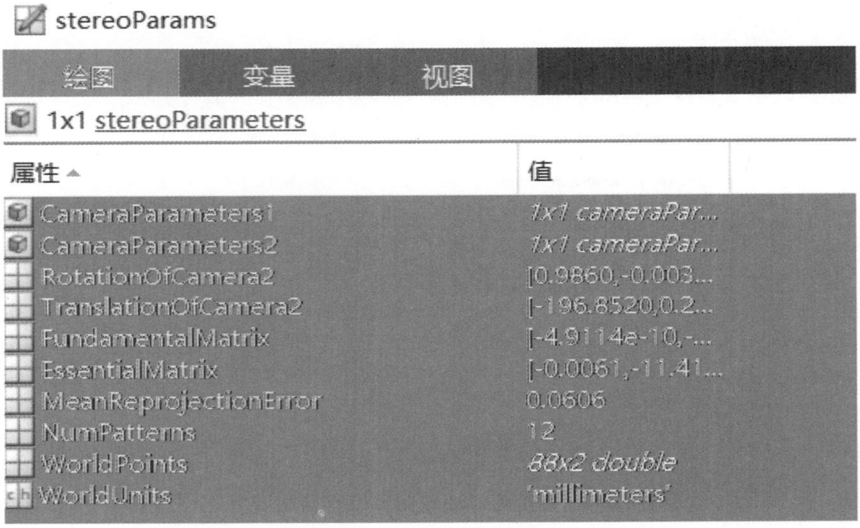

stereoParams

绘图	变量	视图	

1x1 stereoParameters

属性 ▲	值
CameraParameters1	1x1 cameraPar...
CameraParameters2	1x1 cameraPar...
RotationOfCamera2	[0.9860,-0.003...
TranslationOfCamera2	[-196.8520,0.2...
FundamentalMatrix	[-4.9114e-10,-...
EssentialMatrix	[-0.0061,-11.41...
MeanReprojectionError	0.0606
NumPatterns	12
WorldPoints	88x2 double
WorldUnits	'millimeters'

图 6-7　双目相机标定结果

6.1.2　高斯滤波

在采集气膜孔图像过程中，受环境影响，图像中不可避免地会存在高斯噪声，通过高斯滤波的方法能够消除环境中高斯噪声的影响。

高斯滤波对图像去噪实际上是对图像中所有像素点进行加权平均，将每个像素点本身值和邻域内的其余像素值高斯加权后更新为目标点新的像素值。具体操作是：使用一个特定尺寸的模板与图像中的每一个像素做卷积，用卷积结果值去代替图像对应点的像素值，二维高斯分布公式为

$$G(x,y)=\frac{1}{\sqrt{2\pi}\sigma^2}e^{-\frac{x^2+y^2}{2\sigma^2}} \tag{6-1}$$

式中，e 是自然对数的底数，σ 表示高斯分布的标准差。

例如，尺寸为 5×5 的高斯算子为：

$$\frac{1}{273}$$

1	4	7	4	1
4	16	26	16	4
7	26	41	26	7
4	16	26	16	4
1	4	7	4	1

气膜孔孔径进行高斯滤波前后的效果图如图 6-8 所示。

 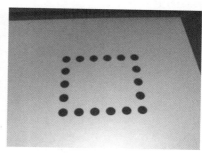

a) 滤波前图像　　　　　　　　b) 滤波后图像

图 6-8　气膜孔孔径高斯滤波前后效果图

6.1.3　边缘检测

数字图像中亮度变化剧烈的位置通常反映了图像中的重要特征和属性。对于图 6-8 所示的气膜孔图像而言，亮度变化剧烈的位置为气膜孔的边缘。边缘检测即对图像中亮度变化的区域进行提取，大多通过图像梯度进行查找，典型的梯度检测算子包括 Laplace 算子、Canny 算子和 Sobel 算子等。下面介绍 Laplace 算子为

$$\nabla^2 f = \frac{\partial^2 f}{\partial x^2} + \frac{\partial^2 f}{\partial y^2} \tag{6-2}$$

Laplace 算子用卷积核的形式可以表示为

$$G_L = \begin{pmatrix} 0 & 1 & 0 \\ 1 & -4 & 1 \\ 0 & 1 & 0 \end{pmatrix}$$

将 Laplace 算子应用到气膜孔图像中，提取得到的边缘轮廓如图 6-9 所示。

6.1.4　椭圆检测

叶片气膜孔加工成形后理论上是一个圆形，但由于在拍摄过程中相机无法完全正对气膜

孔的中心线方向，实际拍摄的气膜孔在像素坐标系中呈现为椭圆形，所以检测气模孔的数目就转化为图中检测出来的椭圆的数目。椭圆检测方法是：首先使用一个矩形去包络椭圆轮廓，如图 6-10a 所示，这时矩形的中心点就是椭圆的中心点，随后将矩形绕中心点进行旋转，可以寻得一个最小面积的矩形，如图 6-10b 所示，那么这个矩形就是椭圆的最小外接矩形。

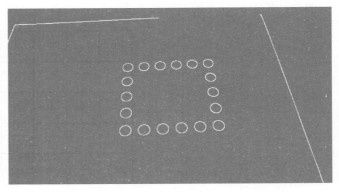

图 6-9　气膜孔边缘检测效果图

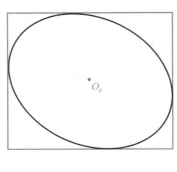

a) 旋转前

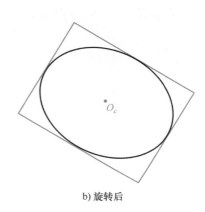

b) 旋转后

图 6-10　椭圆检测原理图

只要气膜孔中有光透出，那么气膜孔就是通的，于是检测气膜孔的数目以及通透性的问题就化简成检测椭圆数量的问题。图 6-11 所示为椭圆数量检测结果。

6.1.5　三角重建与空间圆拟合

根据获取的单幅图像中气膜孔边缘的特征点与左右相机拍摄的图像间

图 6-11　椭圆数量检测结果

的视差，可以通过三角重建的方式计算出边缘特征点对应的空间位置，进而准确地计算出气膜孔的孔径。下面简要介绍三角重建的原理。

如图 6-12 所示，左右相机的光心分别为 p_1 和 p_r，假设特征点为 p，在左右相机中分别对应特征点 p_{l1} 和 p_{l2}，以左图为基准，右图的变换矩阵为 T。假设 x_{p1} 和 x_{p2} 为特征点 p_{l1} 和 p_{l2} 的归一化坐标，则满足

$$s_1 x_{p1} = s_2 R x_{p2} + T \tag{6-3}$$

式中，s_1、s_2 表示在左右相机坐标系下的深度，$\boldsymbol{R}$ 表示左右相机坐标系之间的旋转变换关系。

根据式（6-3）可以先求得 s_2，再求出 s_1。于是就得到了两个图像下点的深度，从而可确定点空间坐标。

气膜孔边缘经过三角重建后的特征点的分布为某一平面上多个空间圆，可以通过最小二乘法拟合的方式得到空间圆对应的圆心和半径，如图 6-13 所示。

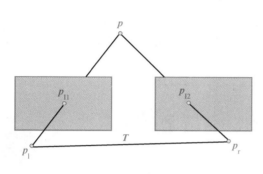

图 6-12　三角重建

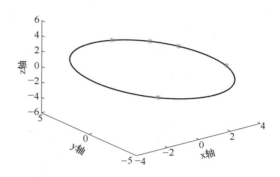

图 6-13　空间圆拟合

6.1.6　数据采集与处理

上述针对叶片气膜孔提取所涉及的图像处理算法已经集成到自主开发的软件中，在实际操作时，只需要在 Matlab 中将相机标定的参数输入到相应程序中，同时控制数据采集的机器人在多个位置进行叶片气膜孔图像采集，软件就可以自行输出检测结果，如图 6-14 所示。

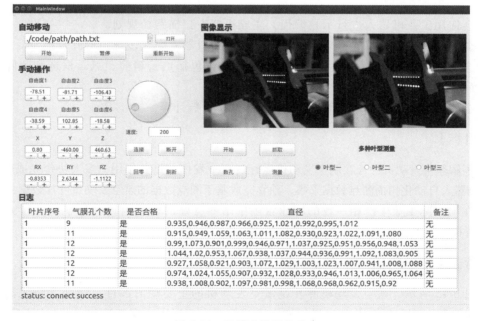

叶片序号	气膜孔个数	是否合格	直径	备注
1	9	是	0.935,0.946,0.987,0.966,0.925,1.021,0.992,0.995,1.012	无
1	11	是	0.915,0.949,1.059,1.063,1.011,1.082,0.930,0.923,1.022,1.091,1.080	无
1	12	是	0.99,1.073,0.901,0.999,0.946,0.971,1.037,0.925,0.951,0.956,0.948,1.053	无
1	12	是	1.044,1.02,0.953,1.067,0.938,1.037,0.944,0.936,0.991,1.092,1.083,0.905	无
1	12	是	0.927,1.058,0.921,0.903,1.072,1.029,1.003,1.023,1.007,0.941,1.008,1.088	无
1	12	是	0.974,1.024,1.055,0.907,0.932,1.028,0.933,0.946,1.013,1.006,0.965,1.064	无
1	11	是	0.938,1.008,0.902,1.097,0.981,0.998,1.068,0.968,0.962,0.915,0.92	无

status: connect success

图 6-14　气膜孔检测软件

【项目总结】

本项目以航空发动机叶片气膜孔检测为例，搭建了一套基于双目相机的航空发动机叶片气膜孔机器人视觉检测系统。基于 Matlab 工具箱对系统使用的相机参数进行了标定，采用高斯滤波方法实现了对采集的图像中噪声的去除；通过边缘检测、三维重建的方式实现了对采集的图像中气膜孔边缘的提取及三维重建，并通过空间圆拟合的方式对重建后的气膜孔检测点进行拟合计算，最终实现了对航空发动机叶片气膜孔圆心位置、孔径等参数的精确计算。本项目搭建的机器人视觉检测系统能够实现航空发动机叶片气膜孔的快速检测，可提高航空发动机叶片气膜孔的检测效率和检测精度，对提升我国航空发动机关键零部件自动化检测水平，助力我国航空发动机型号研制具有重要意义。

项目 6.2　航空发动机叶片机器人三维视觉检测

【知识目标】

1. 熟悉航空发动机叶片对航空发动机的重要作用与结构特点，了解航空发动机叶片的关键结构参数。

2. 熟悉航空发动机叶片机器人三维视觉检测系统的构成及各部分的作用。

3. 理解三维视觉测量中多视角测量点数据精确融合的原理。

【技能目标】

1. 会使用工业机器人进行示教编程，完成机器人扫描路径规划。

2. 会使用三维扫描仪，操作三维扫描仪与工业机器人完成多视角的叶片测量。

3. 会使用 Geomagic 软件进行基本的点云操作，包括点云精简、点云框选和删除、贯穿对象截面等。

4. 会使用 iPoint3D Blade 软件进行基本的叶型参数计算。

【素养目标】

1. 了解航空发动机叶片在航空发动机运行过程中发挥的重要作用，多人协作完成航空发动机叶片机器人自动化扫描测点数据采集，独立完成基于测点数据的航空发动机叶片数据分析。

2. 在与实际工业生产相一致的职业氛围中培养良好的职业道德、科学的工作方法及团队协作精神。

【项目背景】

如图 6-15 所示，航空发动机叶片是航空发动机的重要动力部件，长期工作于高温、高压、高速旋转、高频振动及高温燃气冲击腐蚀等恶劣工况下，在铸造与铣削加工时难以保证叶片几何精度要求，如何快速、高精度地实现航空发动机叶片检测一直是航空制造领域的难题。现有的航空发动机叶片检测以人工检测为主，受限于检测人员自身的能力与经验，单个叶片检测时间较长，难以满足生产现场的检测需求。针对上述问题，本项目将机器人与三维视觉检测技术相结合，实现航空发动机叶片三维数据的快速采集及关键参数分析。

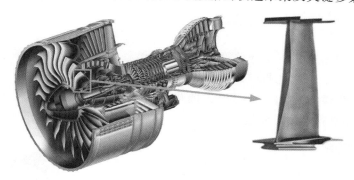

图 6-15　航空发动机叶片

【项目描述】

本项目针对航空发动机叶片检测需求，搭建了一套机器人三维视觉检测系统，通过规划机器人三维扫描路径，实现了机器人自动化完整采集叶片三维测点数据；通过 Geomagic 软件对获取的航空发动机叶片点云数据进行了精简、去噪等操作，提取了多截面叶片点云数据；利用国产 iPoint3D Blade 软件，对截面点云数据进行了叶型参数计算。通过本项目的实施，可以解决现有航空发动机叶片检测过程中存在的检测精度低、效率低等问题。

【项目准备】

为实现航空发动机叶片的三维数据采集而搭建的航空发动机叶片机器人视觉检测系统如图 6-16 所示，主要包括测量机器人、双目面阵扫描仪和专用数据处理软件 iPoint3D Blade 等。由机器人末端夹持面阵扫描仪从多个位置采集叶片三维测点数据，

图 6-16　航空发动机叶片机器人视觉检测系统

航空发动机叶片机器人三维视觉检测项目演示视频

通过点云数据中的公共标志点将单次测量点云进行拼接，最后通过专用的数据处理软件对采集的完整叶片点云进行分析，计算叶型参数。航空发动机叶片机器人三维视觉检测系统软件和硬件见表 6-2。

表 6-2　航空发动机叶片机器人三维视觉检测系统软件和硬件

硬件/软件	型号	主要参数
六自由度测量机器人	ABB IRB 1600-6/1.2	运动范围：1200mm 重复定位精度：0.02mm
三维扫描仪	PowerScan2.3M	分辨率：1920×1200 像素 测量精度：±0.015mm 单幅测量范围：430mm×280mm
分析软件	Geomagic、iPoint3D Blade	

【项目实施】

6.2.1 叶片三维数据采集

航空发动机叶片经过铣削、磨抛等工艺加工成形后，表面会出现金属反光现象，直接使用面阵扫描仪测量时，会出现测点缺失等问题。为避免表面金属反光对三维成像的影响，可以在零件表面喷涂显像剂（图 6-17），能够有效抑制航空发动机叶片表面金属反光（图 6-18），提高零件扫描测点质量。

图 6-17　显像剂

图 6-18　航空发动机叶片表面金属反光

将均匀喷涂了显像剂的航空发动机叶片样件放置于合适的位置，并在周围环境中或在叶身表面张贴一定数量的标志点，用于多视角测量数据的拼接。控制六自由度机器人带动面阵扫描仪对叶片进行多方位扫描，保证相邻视图存在不少于 3 个公共标志点，现场采集过程如图 6-19 所示。

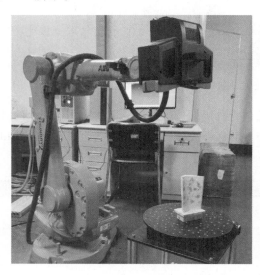

图 6-19　采集航空发动机叶片测量点

多个视角扫描的叶片测点如图 6-20 所示，多次测量拼接之后的完整三维点云如图 6-21 所示。

a) 视角1点云

b) 视角2点云

图 6-20　多个视角扫描的叶片测点

航空发动机叶
片机器人三维
视觉检测项目
点云数据

6.2.2　叶片数据预处理

将多次采集的测量点云数据导入到 Geomagic 数据处理软件中，如图 6-22 所示。

图 6-21　完整的航空发动机叶片三维点云

图 6-22　将叶片多次测量点云数据
导入 Geomagic 软件

通过"联合点对象"将多次测量点云拼接成一个完整点云，如图 6-23 所示。

可以看到完整的点云数据中除了包含叶片测量数据，还包含底部转台与周围环境点云，以及测量过程中存在的噪声数据，可以通过手动框选的方式（图 6-24），选中多余点云进行删除，删减多余测量点后的叶片点云如图 6-25 所示。

从图 6-25 可以看出，删除多余测点之后的点云规模为 2320138 点，对于叶型参数计算而言，使用的数据量可以通过精简点云进一步缩小。在软件中，选择"随机精简"，设置精简保留的百分比为 10%（图 6-26），经过软件处理，剩余的点云规模为 232014 点，精简之后的效果如图 6-27 所示。

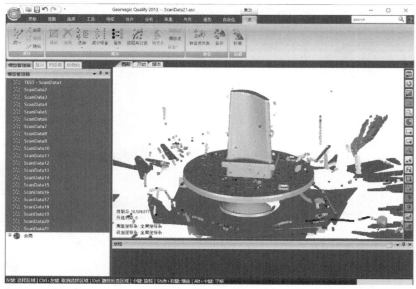

图 6-23　多次测量数据拼接为同一点云

图 6-24　通过手动框选的方式选中多余点云

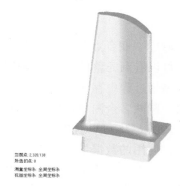

图 6-25　删除多余测量点之后的叶片点云

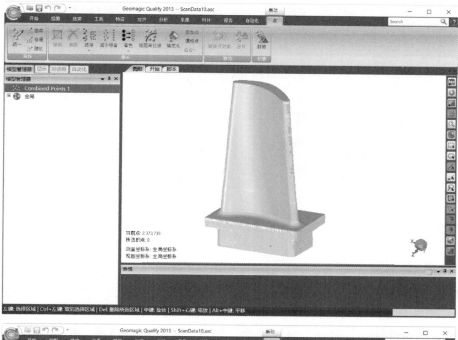

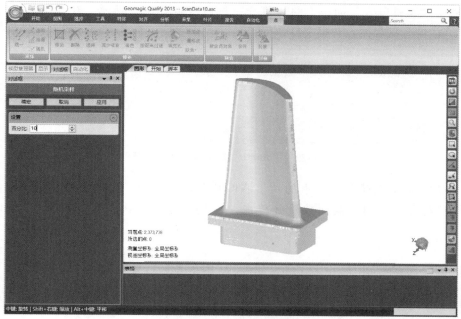

图 6-26　精简点云功能

在软件中选择"贯穿对象截面"，选择沿着叶身高度方向的截面与精简之后的叶片测点进行贯穿，得到叶身截面点云，用于后续叶型参数计算。图 6-28 所示为叶片截面点云。

6.2.3　叶型参数计算

对于航空发动机叶片而言，其待检测的参数包括前缘半径、后缘半径、中弧线、最大厚

当前点: 232,014
所选的点: 0

测量坐标系: 全局坐标系
视图坐标系: 全局坐标系

图 6-27　经过精简之后的叶片测点

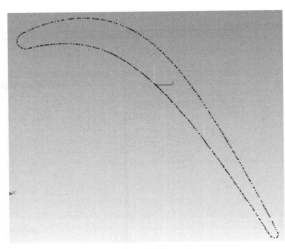

图 6-28　叶片截面点云

度和弦长等尺寸，如图 6-29 所示，在编者（华中科技大学李文龙教授）自主开发的航空叶片检测软件 iPoint3D Blade 中已经集成了上述参数的精确计算方法。下面简要介绍使用该软件进行叶型参数计算的流程。

1）单击"文件输入"面板上的"打开"按钮，如图 6-29 所示，在弹出的对话框中选择需要打开的叶片截面测点数据文件。

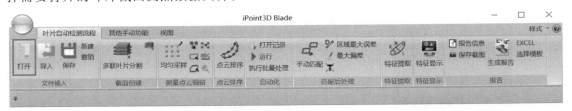

图 6-29　iPoint3D Blade 软件导入数据

2）单击"截面创建"面板上的"多联叶片分割"按钮，在对话框中的"截面数量"文本框内填入需要分割的截面数量并单击"应用"按钮，软件界面如图 6-30 和图 6-31 所示。

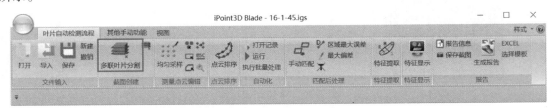

图 6-30　单击软件"多联叶片分割"按钮

3）完成截面分割后，可以得到二维的单截面测点数据。但此时的测点数据是无序的，通过"点云排序"命令可以重建各测点之间的邻接关系，如图 6-32 所示。

单击"点云排序"按钮，在弹出的对话框中选择所要排序的点云截面，拖动鼠标指针形成矩形框来选择两点，然后单击对话框中的"应用"按钮。若点云无法形成光滑曲线，则单击"翻转"按钮，软件界面如图 6-33 所示。

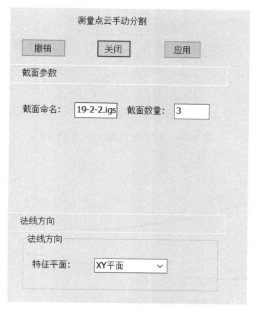

图 6-31　多联叶片分割对话框

图 6-32　"点云排序"命令

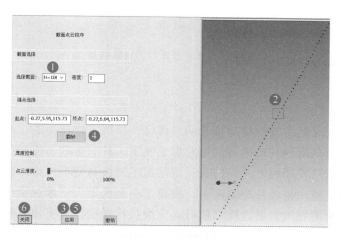

图 6-33　点云排序

4）将理论叶型线导入软件，使用"匹配后处理"面板中的"区域最大误差"命令计算截面区域最大误差，如图 6-34 所示。图 6-35 所示为截面区域最大误差计算结果。

5）通过"特征提取"命令计算对应的前缘、尾缘和中弧线等参数，计算结果如图 6-36 所示。

图 6-34　截面区域最大误差计算

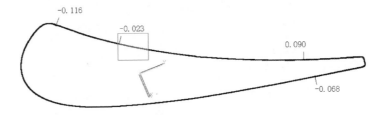

图 6-35　截面区域最大误差计算结果

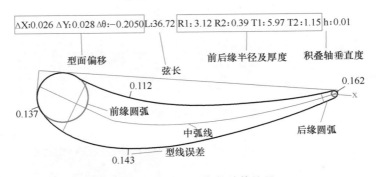

图 6-36　叶片型面参数计算结果

【项目总结】

航空发动机叶片是航空发动机的核心动力部件，长期工作在高温、高压、交变载荷、高速旋转、高频振动及高温燃气冲击腐蚀等恶劣工况下，具有多联、强弯扭、空心、薄壁及气膜孔等特殊结构，航空发动机叶片在铸造和铣削加工时极易变形，难以保证叶片几何精度要求。本项目针对航空发动机叶片检测需求，搭建了一套机器人三维视觉检测系统，能够满足航空发动机叶片的检测需求。通过规划机器人三维扫描路径，可实现机器人自动化完整采集航空发动机叶片三维测点数据；通过 Geomagic 软件对获取的航发叶片点云数据进行精简、去噪等操作，可提取多截面叶片点云数据；利用国产软件 iPoint3D Blade，对截面点云数据完成了叶型参数计算。

通过本项目的实施，可以解决现有航空发动机叶片检测过程中存在的检测精度低、效率低以及自动化水平差等问题，并可推广应用于航空发动机叶片类零件检测，对提升自动化检测水平和生产效率具有重要意义。

项目6.3 航空蒙皮视觉定位与机器人铣削加工

【知识目标】

1. 熟悉航空蒙皮双机器人测量与加工系统的硬件构成。
2. 了解双机器人系统标定在航空蒙皮视觉定位与机器人铣削加工中的作用。

【技能目标】

1. 会操作三维扫描仪完成航空蒙皮测量点的数据采集。
2. 能根据采集的测量点云生成机器人铣削加工程序，开展机器人蒙皮铣削加工实验。

【素养目标】

1. 多人协作完成航空蒙皮双机器人测量与加工系统标定、航空蒙皮测量点的数据采集、测量数据坐标系转换及机器人加工程序编制，开展航空蒙皮机器人铣削加工实验。
2. 在与实际工业生产相一致的职业氛围中培养良好的职业道德、科学的工作方法及团队协作精神。

【项目背景】

以蒙皮为代表的航空大构件是构成飞机气动外形的关键零件，其制造和装配精度对保证飞机空气动力学性能、隐身性能和内部结构安全至关重要。蒙皮零件种类多样，大多采用超硬铝合金、钛合金和复合材料等强度高、可塑性好的材料。高速飞行时，蒙皮承受垂直其表面的局部气动载荷，同时承受机翼整体变形产生的拉伸、压缩和剪切载荷。为提升飞机安全运行性能、减小飞行阻力，大型蒙皮制造的要求非常严格。由于蒙皮零件具有外形复杂、结构尺寸大、薄壁弱刚性等特点，其加工制造一直是技术难题。

如图 6-37 所示，目前普遍采用肉眼比对-手工划线-手动修切方式去除蒙皮边缘的加工余量，存在人因误差大、边缘加工精度低、装配后对缝间隙难控等问题。蒙皮的加工已成为制约我国大飞机生产制造的主要难题之一。工业机器人具备柔性高、工作范围大以及可多机协作等优点，利用机器人夹持电主

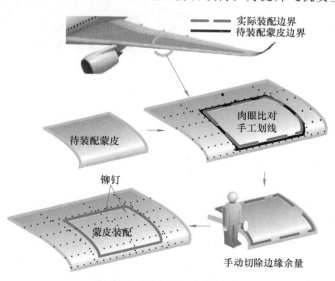

图 6-37 蒙皮手工修型切边

轴、刀具等执行工具，并集成视觉测量设备和移动平台，可构建大范围智能化的机器人测量与加工系统，以替代传统手工或数控机床加工，为大型复杂构件大范围、小余量铣削、磨削和钻铆等提供了新思路。本项目搭建了面向航空蒙皮修边的双机器人测量与加工系统，通过机器人夹持高精度的三维扫描仪完成蒙皮测量点的数据采集，并利用标定的系统参数将测量数据转换到加工机器人坐标系中，生成机器人加工程序，完成蒙皮铣削修边任务。

【项目描述】

本项目以航空蒙皮机器人测量与加工为例，搭建了一套航空蒙皮双机器人测量与加工系统。通过双机器人系统标定实验，完成了系统参数同时标定；利用测量机器人完成了航空蒙皮测点采集，并结合系统标定结果，将航空蒙皮测量点转换到加工机器人坐标系中，生成了可执行的机器人加工程序，开展了航空蒙皮机器人铣削加工实验。

【项目准备】

为了实现航空蒙皮铣削加工，搭建的双机器人测量与加工系统如图 6-38 所示，主要由机器人测量系统与机器人加工系统两大部分组成，其中机器人测量系统由 ABB IRB 6700 200/2.60 机器人（6 自由度，重复定位精度：0.10mm）、ABB IRB 1600 10/1.45 机器人（6 自由度，重复定位精度：0.07mm）以及高精度移动导轨（长：4m，定位精度：0.01mm）组成，可实现大范围自动化三维扫描测量；机器人加工系统由高速铣削加工电主轴、Power Scan 三维扫描仪（测量精度：±0.015mm，最佳测量距离：500mm）以及高精度移动导轨（长：4m，定位精度：0.01mm）组成，可实现大范围、高柔性铣削加工。

航空蒙皮视觉
定位与机器人
铣削加工项目
演示视频

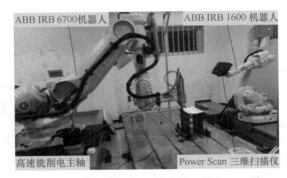

图 6-38　航空蒙皮双机器人测量与加工系统

【项目实施】

6.3.1　双机器人测量与加工系统标定

如图 6-39 所示为航空蒙皮双机器人测量与加工系统。在使用前需要精确标定出三维扫描仪坐标系 $\{S\}$ 到测量机器人末端坐标系 $\{E_1\}$、测量机器人基准坐标系 $\{O_1\}$ 到加工机器人基准坐标系 $\{O_2\}$ 以及加工机器人末端坐标系 $\{E_2\}$ 到加工机器人末端夹持靶标坐标系 $\{T\}$ 的位置变换矩阵，实现机器人加工系统与机器人测量系统坐标系的精确统一。测量机器人的扫描数据可进一步指导加工机器人进行加工任务。

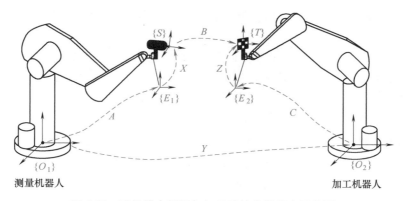

图 6-39　双机器人测量与加工系统参数标定示意图

测量与加工系统位置变换矩阵满足

$$AXB = YCZ \tag{6-4}$$

式中，X，Y，$Z \in SE(3)$（刚体变换群），分别表示 $\{S\}$ 到 $\{E_1\}$、$\{O_2\}$ 到 $\{O_1\}$ 及 $\{T\}$ 到 $\{E_2\}$ 的未知位置变换矩阵，分别表示为 ${}_S^{E_1}T$、${}_{O_2}^{O_1}T$ 及 ${}_T^{E_2}T$，是待求解的常量矩阵（不随机器人姿态变化而改变）；A，B，$C \in SE(3)$，分别表示 $\{E_1\}$ 到 $\{O_1\}$、$\{T\}$ 到 $\{S\}$ 及 $\{E_2\}$ 到 $\{O_2\}$ 的已知位置变换矩阵，表示为 ${}_{E_1}^{O_1}T$、${}_T^S T$ 与 ${}_{E_2}^{O_2}T$，可以从机器人控制器和扫描仪测量数据中直接读取。式（6-4）可以表达为

$$ {}_{E_1}^{O_1}T\, {}_S^{E_1}T\, {}_T^S T = {}_{O_2}^{O_1}T\, {}_{E_2}^{O_2}T\, {}_T^{E_2}T \tag{6-5}$$

实际标定过程如图 6-40 所示，分别调整加工机器人位置与三维扫描仪位置，记录当前位置下的两个机器人各个关节坐标值，同时利用扫描仪采集标定板图像，在工作区域内均匀选取 100 组数据，带入上式，可以同时求解 ${}_S^{E_1}R$、${}_{O_2}^{O_1}R$、${}_T^{E_2}R$ 和 ${}_S^{E_1}t$、${}_{O_2}^{O_1}t$、${}_T^{E_2}t$，即双机器人测量与加工系统的参数。

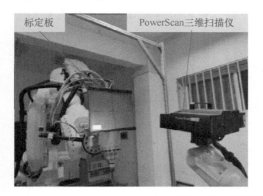
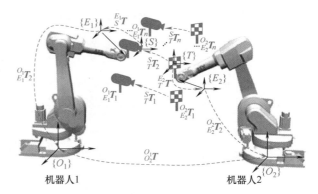

图 6-40　双机器人测量与加工系统参数标定

6.3.2　蒙皮测量点数据采集与坐标转换

航空蒙皮双机器人测量与加工系统经过标定后，扫描仪坐标系与测量机器人末端坐标系

之间的变换关系 ${}_{S}^{E_1}\boldsymbol{R}$、${}_{S}^{E_1}\boldsymbol{t}$ 均已知，因此可以利用测量机器人与扫描仪完成航空蒙皮测量点的数据采集。

如图 6-41 所示，通过机器人示教器调整测量机器人扫描姿态至合适位置，记录下机器人六个关节角度 $\theta_1 \sim \theta_6$，操作上位机数据采集软件，记录下当前扫描仪采集的点云数据。多次移动测量机器人，使多次扫描区域能够覆盖整个航空蒙皮，并记录下每次测量时的机器人关节角度和对应单次测量点云数据。

根据每次采集时记录的关节角度 $\theta_{i,1} \sim \theta_{i,6}$，可以计算出测量机器人末端相对机器人基准坐标系的变换矩阵 ${}_{E_1}^{O_1}\boldsymbol{T}_i$，假设第 i 次测量采集的点云数据为 ${}^{S}P_i = \{p_{i,1}, p_{i,2}, \cdots p_{i,n}\}$，则第 i 次局部航空蒙皮测量点云转换到测量机器人基坐标下可表示为

$$ {}^{O_1}P = {}_{E_1}^{O_1}\boldsymbol{T}_i {}_{S}^{E_1}\boldsymbol{T} {}^{S}P_i \tag{6-6} $$

由于在每次测量过程中测量机器人基准坐标系未发生改变，因此将多次的测量数据通过公式进行转换后，可以得到一个完整的航空蒙皮测量点云数据。

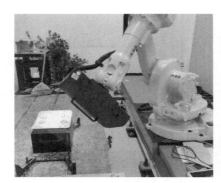

图 6-41　航空蒙皮多视角点云数据采集

完整的航空蒙皮测量点云为 ${}^{O_1}P = \{p_1, p_2, \cdots p_m\}$，由于实际铣削加工时需要加工机器人完成铣削任务，因此须将位于测量机器人基坐标系下的测量点云转换到加工机器人基准坐标系中：

$$ {}^{O_2}P = {}_{O_1}^{O_2}\boldsymbol{T} {}^{O_1}P_i \tag{6-7} $$

式中，${}_{O_1}^{O_2}\boldsymbol{T} = \begin{bmatrix} {}_{O_1}^{O_2}\boldsymbol{R} & {}_{O_1}^{O_2}\boldsymbol{t} \\ 0 & 1 \end{bmatrix}$，该矩阵已经在双机器人测量与加工系统标定时得到。

6.3.3　蒙皮机器人铣削加工程序的生成

航空蒙皮通常具有设计模型，实际获得的测量点云相较于设计模型发生一定量的变形，同时还存在设计模型与测量点云模型位于不同的坐标系的问题。通过将航空蒙皮设计模型与测量点云进行三维匹配，能够将设计模型转换到测量点云坐标系下，由于已将测量点云转换到加工机器人的坐标系下，因此经过匹配转换后的设计模型同样位于加工机器人基坐标系下（图 6-42），可以将设计模型的边界轮廓作为理想的加工轨迹，用于生成机器人铣削加工轨迹。

a) 航空蒙皮实际零件

b) 航空蒙皮测量点云

c) 航空蒙皮加工边界

图 6-42　航空蒙皮铣削加工边界的生成

　　提取航空蒙皮加工边界点用于开展机器人铣削切边任务，还需将边界点转化为机器人能够识别的加工程序，这里使用的是 ABB 机器人，下面介绍如何将边界点转换为 RAPID 程序。图 6-43 所示为一个典型的 RAPID 程序格式，在 main 函数前定义了程序执行过程中需要用到的各种移动速度、工件坐标系相对于加工机器人基坐标系之间的坐标转换关系、工具坐标系相对于加工机器人末端法兰之间的坐标转换关系，以及加工目标点的位置信息，在 main 函数中通过直线移动的方式完成航空蒙皮加工。

```
MODULE main1
PERS speeddata CutInSpeed := [20, 500, 5000, 1000 ];          ┐
PERS speeddata CutOutSpeed := [20, 500, 5000, 1000 ];         │
PERS speeddata CutDownSpeed := [20, 500, 5000, 1000 ];        │
PERS speeddata CutUpSpeed := [20, 500, 5000, 1000 ];          ├ 定义加工切入、切出、正常加工时的速度
PERS speeddata CutFineSpeed := [20, 500, 5000, 1000 ];        │
PERS speeddata CutCoarseSpeed := [20, 500, 5000, 1000 ];      │
PERS speeddata MillVirtualSpeed := [20, 500, 5000, 1000 ];    ┘

TASK PERS tooldata SpindleTool:=[TRUE,[[272.819,-6.73555,361.181],[0.7077,0.00947419,0.706385,-0.00949182]],[35,[0,25,350],[1,0,0,0],0,0,0]];    ┐ 定义工具坐标系、工件
PERS wobjdata MillWobj:=[FALSE,TRUE,"",[[0,0,0],[1,0,0,0]],[[0,0,0],[1,0,0,0]]];                                                                 ┘ 坐标系

PERS robtarget p1:=[[1966.197191,-210.343033,397.344563],[ 0,-0.25999,0.965611,0],[0,0,0,0],[9E+09,9E+09,9E+09,9E+09,9E+09,9E+09]];    ┐ 定义加工目标
PERS robtarget p2:=[[1966.197191,-210.343033,197.344563],[ 0,-0.25999,0.965611,0],[0,0,0,0],[9E+09,9E+09,9E+09,9E+09,9E+09,9E+09]];    ├ 点位姿信息
PERS robtarget p3:=[[1965.584063,-210.284728,197.468374],[ 0,-0.25999,0.965611,0],[0,0,0,0],[9E+09,9E+09,9E+09,9E+09,9E+09,9E+09]];    ┘

PROC main()

MoveL p1 , CutDownSpeed, z0 , SpindleTool \Wobj:=MillWobj; !DebugZoneProc p1;    ┐
MoveL p2 , CutInSpeed, z0 , SpindleTool \Wobj:=MillWobj; !DebugZoneProc p2;      ├ 通过直线移动的方式移动到目标点
MoveL p3 , CutInSpeed, z0 , SpindleTool \Wobj:=MillWobj; !DebugZoneProc p3;      ┘

ENDPROC
ENDMODULE
```

图 6-43　典型的机器人 RAPID 程序格式

【项目总结】

　　本项目以航空蒙皮机器人测量与加工为例，搭建了一套航空蒙皮双机器人测量与加工系统。通过双机器人系统标定实验，完成了测量机器人与加工机器人基坐标、测量机器人末端与三维扫描仪之间参数的同时标定；并利用系统标定结果，通过测量机器人完成航空蒙皮测量点完整数据的采集并转换到加工机器人坐标系下，通过三维匹配的方式，精确计算出蒙皮铣削加工余量，生成了可执行的机器人加工程序。

　　本项目介绍的航空蒙皮双机器人测量与加工系统能够实现航空蒙皮的机器人自动化测量与余量分析，生成可执行的机器人铣削加工程序。机器人测量与加工一体化是一种变革性的制造模式，能够替代现有的航空蒙皮手动修边方式，提高航空蒙皮修边效率，助力我国大型飞机的研制与生产。

项目6.4 核电叶片视觉定位与机器人磨削

【知识目标】

1. 掌握线激光传感器的测量原理。

2. 熟悉核电叶片机器人三维视觉检测与定位系统的构成及各部分作用。

3. 理解机器人手眼标定基本原理、测量点数据与设计模型三维匹配以及偏差计算的基本原理。

【技能目标】

会使用 Geomagic 软件对叶片线激光测量数据与设计模型进行三维匹配，对配准之后的点云数据计算三维偏差。

【素养目标】

1. 多人协作完成机器人与传感器之间的手眼标定，独立完成基于核电叶片三维数据的视觉定位。

2. 在与实际工业生产相一致的职业氛围中培养良好的职业道德、科学的工作方法及团队协作精神。

【项目背景】

如图 6-44 所示，核电叶片几何尺寸较大（以 400~1500mm 为主），毛坯通常由棒料在高温下锻造成形，然后冷却放置到常温后再进行铣削、磨削加工。磨削是叶片零件冷加工的最后一道工序，通常要求形面精度控制在 $\pm(0.05\sim0.2)$mm、表面粗糙度值控制在 $Ra1.6\mu$m 以内。如图 6-45 所示，目前我国叶片生产企业以手工磨削为主，劳动强度大，人工定位随

图 6-44 核电叶片锻造毛坯

图 6-45 手工进行叶片磨削

机性大，磨削位置和磨削量难以控制，磨削产生的粉尘和噪声会给工人带来严重伤害。针对上述问题，本项目以机器人作为执行体，集成视觉定位传感器，通过三维视觉检测的方式，实现核电大叶片磨削余量的均匀计算。

【项目描述】

本项目以机器人作为执行体，集成视觉定位传感器，实现了核电叶片磨削视觉定位。通过手眼标定方式，计算了扫描传感器与机器人基坐标系之间的位置关系，完成了叶片局部测量点数据采集；通过 Geomagic 软件将叶片测量数据与设计模型实现了三维配准与余量计算，通过三维配准结果对工件坐标系进行调整。本项目为解决核电大叶片人工打磨时的磨削位置和磨削量难以控制的问题提供了一种新的解决方案。

【项目准备】

在核电叶片的机器人打磨项目中，通过机器人末端夹持待打磨的叶片在扫描仪景深范围内进行移动，完成叶片轮廓测量点采集；将采集的待打磨叶片的点云数据与理想的设计模型进行三维匹配，可以分析出叶片的待磨削余量，并用于后续机器人磨削轨迹规划，考虑叶片尺寸较大，本项目采用线激光扫描得到的局部点云数据进行三维配准与余量计算。本项目搭建的核电叶片视觉检测定位系统如图 6-46 所示。

机器人　工件　　视觉测量激光线　　激光扫描仪

核电叶片视觉定
位与机器人磨削
项目演示视频

图 6-46　核电叶片视觉检测定位系统

【项目实施】

6.4.1　机器人视觉检测系统标定

机器人手眼标定指的是标定机器人与视觉传感器之间的空间变换关系。由于视觉传感器采集的数据通常在其自身坐标系下，为了后续的机器人加工应用，必须将测量传感器坐标系中的数据转换到特定坐标系中（通常为机器人基坐标系或机器人末端坐标系）。机器人手眼标定有两种形式，分别称为眼在手型（图 6-47）和眼在外型（图 6-48）。由于机器人在测量完成之后还需要进行后续的打磨工作，因此本项目采用眼在外型布局方式，由机器人夹持待磨削叶片完成测点数据采集，经过测点软件处理后再由机器人夹持叶片完成后续的磨削操作。

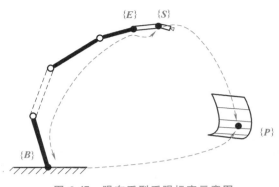

图 6-47　眼在手型手眼标定示意图　　　　图 6-48　眼在外型手眼标定示意图

眼在外型机器人手眼标定中，$\{B\}$ 表示机器人基坐标系，$\{E\}$ 表示机器人末端坐标系，$\{S\}$ 表示扫描仪坐标系，$\{P\}$ 表示工件坐标系，手眼标定即标定扫描仪坐标系与机器人基坐标系之间的空间变换关系，记作 $_B^S\boldsymbol{T}$。可以通过在机器人末端坐标系固定特征点的方式进行手眼辨识，设在机器人末端坐标系 $\{E\}$ 中的固定特征点为 $^E\boldsymbol{p}$，其在第 i 次测量时在扫描仪坐标系 $\{S\}$ 下的坐标为 $^S\boldsymbol{p}_i$，则有

$$^E\boldsymbol{p} = {}_B^E\boldsymbol{T}_{iB}^S\boldsymbol{T}^S\boldsymbol{p}_i \tag{6-8}$$

式中，$_B^E\boldsymbol{T}_i$ 表示第 i 次测量机器人的姿态，可以通过机器人示教器获取；$_B^S\boldsymbol{T}$ 为待标定的手眼关系。注意：标准球球心在多次测量过程中，相对于机器人末端坐标系的位置是保持不变的，据此可以精确求解机器人与扫描仪坐标系之间的空间变换关系。

实际标定过程中需要将标准球夹持在机器人末端，并调整工业机器人位置，采集多个（不少于 3 组）位置下机器人关节角度及测量点数据，构建手眼标定所使用的位置数据，以完成手眼标定。

6.4.2　叶片三维测量点数据采集

在完成手眼标定的基础上，将待磨削的叶片装夹在机器人末端替换手眼标定时使用的标准球，由工业机器人夹持待磨削叶片在线扫描仪景深范围内进行移动，并记录下单次采集过程中机器人关节角度及扫描仪单次测量数据，根据手眼标定公式计算得到 $_B^S\boldsymbol{T}$，从而将多次测量数据转换到机器人基坐标系中，现场数据采集图片如图 6-49 所示。

图 6-49　机器人磨削视觉测量过程

6.4.3　叶片测量点数据匹配与余量计算

在进行叶片打磨之前，首先需要精确计算叶片各部位的待打磨余量，通过测点数据配准的方式，将采集的叶片测量点与期望的磨抛之后的理想模型进行配准，分析各部位的待加工余量。

将采集得到的叶片设计模型与测量数据分别导入 Geomagic 软件中，如图 6-50 和图 6-51 所示。

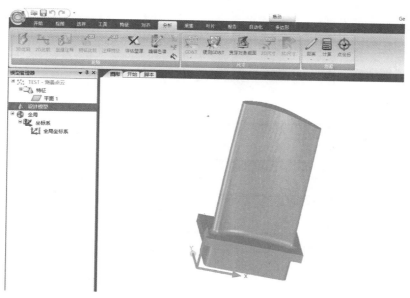

图 6-50　叶片设计模型导入三维分析软件

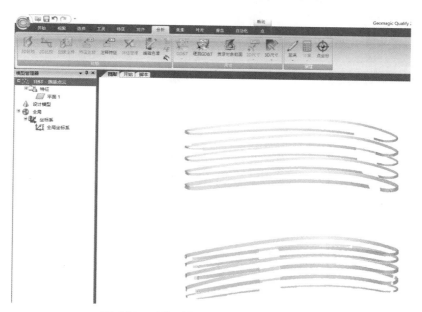

图 6-51　叶片测量数据导入三维分析软件

在 Geomagic 软件中，为了实现设计模型与测量数据坐标系的相互统一，需要右击打开快捷菜单，设置设计模型为"参考"，测量数据为"测试"。通过选择"对齐"选项卡中的"最佳拟合对齐"，设置对应的对齐参数，单击"应用"按钮，即可将测量数据转换到设计模型的坐标系中，如图 6-52 所示。

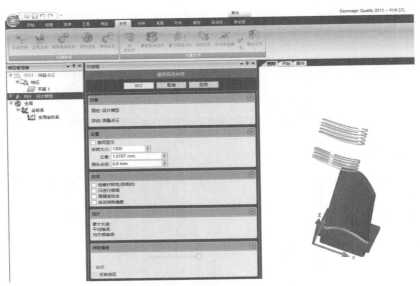

图 6-52　设计模型与测量数据进行最佳拟合

最终经过配准的测量数据设计模型如图 6-53 所示。

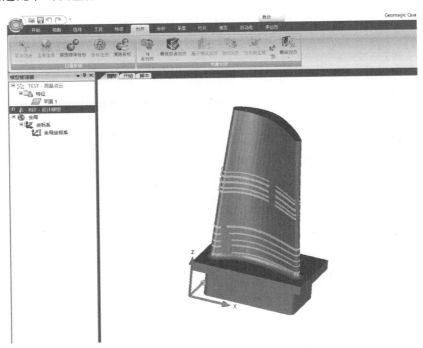

图 6-53　经过配准的测量数据设计模型

在"对齐"选项卡中单击"最后对齐"按钮，可以看到通过配准产生的坐标变换矩阵信息，如图 6-54 所示。通过该变换矩阵，可以对加工坐标系进行调整，保证加工之后叶片余量均匀。

如图 6-55 所示，通过"分析"选项卡的"3D 比较"功能，可以实现对实测模型与理论模型之间的差异比较。如图 6-56 所示，通过色谱可以看出整体误差趋势，其中颜色深的地方表示误差较大，颜色浅的地方表示整体误差较小，也可以选择将误差最大和最小的点在视图中显示出来。

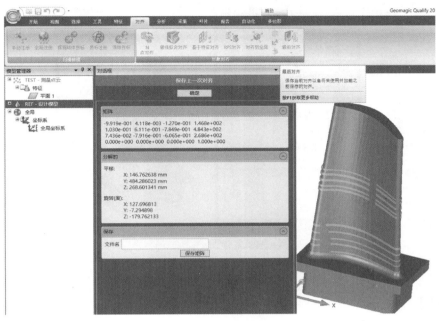

图 6-54　变换矩阵信息

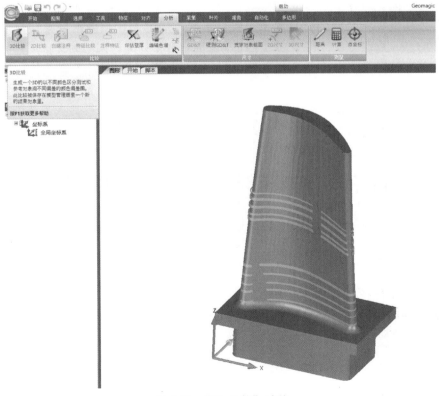

图 6-55　"3D 比较"功能

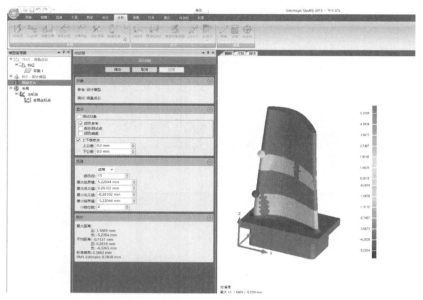

图 6-56　3D 比较的色谱结果

【项目总结】

本项目以机器人作为执行体，集成视觉定位传感器，替代人类手工或数控机床，实现大型复杂零件的磨削。通过手眼标定方式，完成了眼在外型的机器人手眼标定，确定了扫描传感器与机器人基坐标系之间的位置关系，实现了叶片局部测量点数据采集；通过 Geomagic 软件将叶片的点云数据与设计模型进行了三维配准与余量计算，同时为保证后续打磨工艺余量的均匀性，通过三维配准结果对工件坐标系进行了调整。

通过本项目的实施，能够实现基于核电叶片三维测量点云的余量均匀化，保证叶片磨削质量，属于三维视觉技术在机器人加工中的典型应用，解决了核电叶片人工磨削时磨削位置和磨削量难以控制的问题。

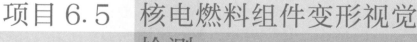

项目 6.5　核电燃料组件变形视觉检测

【知识目标】

1. 熟悉燃料组件在核电站中发挥的重要作用。

2. 熟悉基本的相机标定原理，掌握基本的图像增强与复原算法，包括静态热扰动复原、辐射噪声去除以及对比度优化等，理解图像拼接的基本原理。

【技能目标】

1. 会使用 iPoint 3D Fuel Inspect 软件完成双目相机参数的标定。

2. 会使用 iPoint 3D Fuel Inspect 对导入的燃料组件的移动视频进行处理，分别实现静态热扰动复原、动态热扰动复原、辐射噪声去除、对比度优化、高频噪声去除、亮度调整以及锐化处理操作，通过软件实现燃料组件全景拼接及参数计算。

【素养目标】

1. 了解燃料组件在核电站运动过程中发挥的重要作用，能独立操作数据处理软件分析燃料组件的变形情况。

2. 在与实际工业生产相一致的职业氛围中培养良好的职业道德、科学的工作方法及团队协作精神。

【项目背景】

如图 6-57 所示，核电燃料组件是核反应堆的核心部件，其质量是核电站安全运行的重要保障。燃料组件长期工作于高温、高压、辐照环境中，容易发生弯曲、伸长和扭曲变形，不合格的燃料组件需要进行替换才能保证核反应的稳定运行。在目前常用的测量手段中，人工目视检测的方式精度低、耗时长，接触式检测方法操作繁琐、布置复杂，且反应堆停工成本高，缺乏快速、精确、自动测量的方法。针对燃料组件快速测量需求，本项目搭建了一套水下四面相机视觉检测系统，用 4 个相机录制燃料组件 4 个侧面的视频，通过视觉的方法计算组件的弯曲度、倾斜度、扭转度等关键变形参数。

图 6-57　核电站中使用的燃料组件

【项目描述】

本项目将机器视觉应用于核电燃料组件变形的检测中，应用的图像处理技术包括热扰动复原、辐射噪声去除、图像倾斜/俯仰矫正等，采用核电燃料组件移动视频快速分析了燃料组件关键尺寸参数。

【项目准备】

搭建的核电燃料组件视觉检测系统如图 6-58 所示，包含四面相机视觉检测系统、上部支架和转运通道构成的燃料组件抬升机构、iPoint 3D Fuel Inspect 核电燃料组件变形测量软件等。系统采集燃料组件提升过程的视频,通过专用燃料组件变形检测软件对视频中的图像进行拼接,完成对燃料组件长度的估算。

核电燃料组件视觉检测系统的硬件/软件及其型号见表6-3。

表6-3　核电燃料组件视觉检测系统的硬件/软件及其型号

硬件/软件	型号
相机	Basler
专用四面检测夹具	—
分析软件	Matlab、iPoint 3D Fuel Inspect

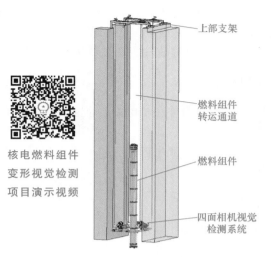

核电燃料组件变形视觉检测项目演示视频

图6-58　核电燃料组件视觉检测系统

【项目实施】

6.5.1　核电燃料组件视觉检测系统标定

在实际图像采集过程中,由于相机镜头的缺陷,图像不可避免地会存在一定畸变,该畸变会严重影响燃料组件边缘直线度,从而降低尺寸测量精度,因此需要对相机进行标定,完成图像畸变的校正。可通过调整标定板在相机视野范围内的位置和姿态,完成多幅图像的采集,如图6-59所示。

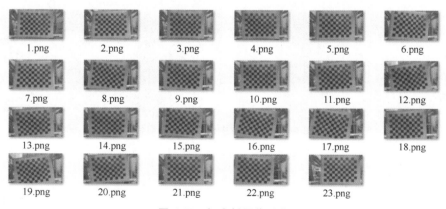

图6-59　标定板图像采集

iPoint 3D Fuel Inspect软件已经集成了相机标定模块。打开软件,单击"测量数据管理"按钮,选择左下角的"相机标定",并选择标定图像所在文件夹路径(图6-60),软件会自动对采集的标定板图像进行分析,得到相机的参数信息,如图6-61所示。

通过"相机标定"功能,可以快速计算出相机畸变系数,完成对畸变后像素点位置的校正,从而降低畸变对图像质量的影响,提高现场测量精度。

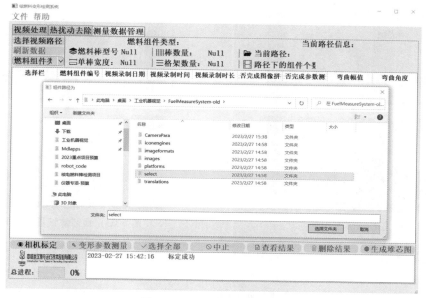

图6-60　"相机标定"功能

图6-61　标定板特征点识别

6.5.2　核电燃料组件图像增强与复原算法

核电水下成像过程中，受光强衰减、水流和辐照等影响，会产生热扰动、辐射噪声、亮度不足、亮度不均、对比度不足、图像模糊和色彩失真等现象。针对上述问题，需要进行图像增强与修复。

1）静态热扰动复原。图像静态热扰动复原采用两步法：第一步采用时域滤波，根据视频图像序列得到归一化的加权平均图像；第二步采用频域滤波，对第一步获取的加权平均图像进行去模糊操作，处理前后的对比如图6-62和图6-63所示。

2）动态热扰动复原。视频的动态热扰动复原可以采用化动为静的思维，先找出运动视

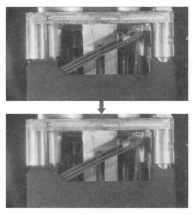

图 6-62　时域滤波图像对比

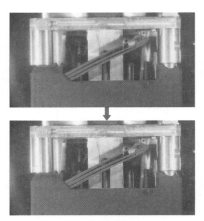

图 6-63　频域滤波图像对比

频帧之间的重合部分，用于后续的图像配准，再采用静态热扰动去除的方法进行处理。对于给定的一组视频，通过模板匹配的方法找出若干帧图像之间的重合区域，对重合区域进行静态热扰动复原，即可得到动态热扰动复原图像。热扰动复原前后的图像对比如图 6-64 所示。

a) 复原前　　　　　　　　　　　　　　　　　　b) 复原后

图 6-64　热扰动复原图像对比

3）辐射噪声消除。图像中的核辐射噪声表现为脉冲噪声，多张图像在同一像素位置带有噪声的概率很低，因此可采用统计的方法。首先根据模板匹配得到运动的燃料组件图像之间的重合区域，再对同一区域的像素值进行排序，舍弃像素值较高的部分，剩下的像素点在期望意义下应该与实际像素值保持统一，从而消除了辐射噪声的干扰。辐射噪声消除对比图如图 6-65 所示。

a) 原图　　　　　　　　　　　　　　　　　　b) 消除噪声图

图 6-65　辐射噪声消除对比图

4）对比度优化。图像的颜色域除了可以用 RGB 空间表示之外，还可以使用 HSV 空间进行描述，其中 H（Hue）表示色调，S（Saturation）表示饱和度，V（Value）表示明度。对比度主要与明度有关，可在明度域中使用直方图均衡化实现对比度优化。对比度优化处理对比图如图 6-66 所示。

a) 原图　　　　　　　　　　　　　　　　b) 对比度优化图

图 6-66　对比度优化处理对比图

5）高频噪声去除。针对图像中出现的高频噪声，一般有两种处理方式，分别为高斯滤波和中值滤波，需要对滤波核的大小进行选择，高频噪声去除对比图如图 6-67 所示。

a) 原图

b) 高斯滤波图　　　　　　　　　　　　　　c) 中值滤波图

图 6-67　高频噪声去除对比图

6）亮度调整。针对对比度较小的图像，较难辨识出准确的边缘特征，可采用 Gamma 变换，让图像从曝光强度的线性响应变得更接近人眼感受的响应，即将漂白（相机曝光）或过暗（曝光不足）的图片进行矫正，Gamma 变换对比图如图 6-68 所示。

a) 原图   b) Gamma变换图

图 6-68　Gamma 变换对比图

7）锐化处理。对图像进行锐化处理，即对图像的边缘进行增强。使用 Canny 算子边缘检测提取出图像的边缘，再根据锐化处理设定值的大小分别对边缘和非边缘部分进行处理，锐化处理对比图如图 6-69 所示。

a) 原图   b) 锐化处理图

图 6-69　锐化处理对比图

8）软件操作。上述操作的算法均集成在 iPoint 3D Fuel Inspect 软件中，如图 6-70 所示。在使用该软件过程中，只需要将待处理的视频或者图片导入软件中，在"图像预处理"模块中，选择对应的功能，如"热扰动去除""对比度优化"和"锐化处理"等，即可以观察到处理前后的图像变化。

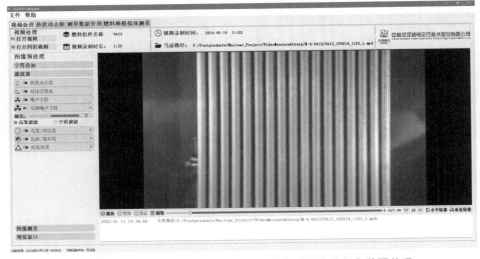

图 6-70　在 iPoint 3D Fuel Inspect 软件中对图像进行多种预处理

6.5.3　核电燃料组件全景拼接

图像拼接技术是将数张有重叠部分的图像拼成一幅全景图或高分辨率图像的技术。图像配准和图像融合是图像拼接的两个关键技术。图像配准是获得图像间的相对位置变换关系，也就是位置偏移量；图像融合是根据位置关系将图像恢复成一个全景图，通过位置偏移量将不同帧图像变换到整齐的位置上，可以获得核电燃料组件拼接后的全景图，如图 6-71 所示。

图 6-71　核电燃料组件全景图

【项目总结】

本项目将机器视觉应用于核电燃料组件变形检测中，实施过程涉及的图像处理技术包括热扰动复原、辐射噪声去除、对比度优化和图像拼接等，集成开发了专用的数据分析软件 iPoint 3D Fuel Inspect，极大简化了用户的操作难度。核电燃料组件水下检测设备可以用于核电站换料大修期间对燃料组件进行在线的尺寸及变形测量、外观和异物检查。对核电燃料组件进行三维参数测量与评估以及人工辅助下的外观和异物检查，不仅有助于筛选出有安全风险的燃料组件，而且为维修方案的制订提供了科学依据，有利于保证核反应堆的安全、稳定、可靠运行。

项目6.6　汽车白车身曲面轮廓视觉检测

【知识目标】

1. 熟悉汽车白车身机器人自动化检测系统的硬件构成。
2. 了解汽车白车身机器人多视角测点数据精确融合原理。

【技能目标】

能够操作三维数据处理软件对采集的汽车白车身曲面轮廓进行检测分析。

【素养目标】

1. 能够将多幅局部汽车白车身测量点云进行精确融合，并基于融合后的测量点数据开展曲面轮廓误差分析，拓展汽车白车身检测系统在工业检测领域的其他应用场景。
2. 在与实际工业生产相一致的职业氛围中培养良好的职业道德、科学的工作方法及团队协作精神。

【项目背景】

在汽车零部件的制造过程中需要对尺寸、结构和外观等多个参数进行检测，如车身尺寸、表面质量等，以保证零件生产质量。如图 6-72 所示，汽车白车身整体尺寸长（大于 5m），且为曲面结构，在制造完成之后需要对外形尺寸进行检测，以保证能够满足后期车门、车盖等的装配需求。三维扫描技术具有高精度、高分辨率及高效率的特点，被广泛应用于工业检测领域。三维扫描技术利用扫描仪获得点云数据，并通过点云数据直接计算或与数字模型对比计算变形参数。扫描仪单次扫描范围有限，通过与工业机器人、外部移动导轨等硬件结合，可构建双机器人移动式大范围视觉检测系统。

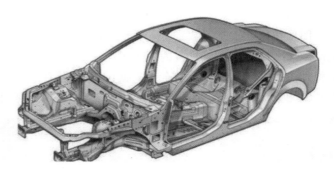

图 6-72　汽车白车身

【项目描述】

本项目以汽车白车身为例，围绕汽车白车身多视角测量数据融合、曲面轮廓误差分析，搭建了一套汽车白车身双机器人检测系统。为保证系统测量精度，对系统使用的双目结构光传感器进行了相机参数标定和机器人手眼参数标定；并使用双机器人检测系统完成了汽车白车身整车测量点数据采集，最后基于采集的整车测量点数据提取截面测量点，完成曲面轮廓的误差分析。

【项目准备】

汽车白车身双机器人检测系统如图 6-73 所示。为满足汽车白车身检测范围要求，系统包含两条垂直导轨、两条水平导轨，增加了机器人扫描系统的工作范围；在实际测量过程中，两台测量机器人分别在车身两侧对车身开展自动化测量，可提高汽车白车身视觉检测效率。

图 6-73　汽车白车身双机器人检测系统

【项目实施】

6.6.1　汽车白车身检测系统参数标定

　　双目扫描仪的标定是三维测量的前提，精确标定传感器参数能够保证原始数据采集的质量，且复杂工业场景的机器人测量需要依赖机器人的采集位置实现数据拼接，因此获得机器人末端与双目扫描仪之间高精度的手眼矩阵参数，可以为双目扫描仪多次采集的点云数据提供一个良好的初值，有利于降低数据融合的误差。下面介绍双目扫描仪的标定及扫描仪—机器人末端的手眼参数的标定。

　　图 6-74 所示为双目扫描仪。该扫描仪由两个工业相机和一个投影仪组成，投影仪投射出条纹，由两个工业相机采集带有条纹的图像，并通过条纹中心线提取、条纹匹配获得对应点，再利用三角重建原理获得对应点的三维空间坐标。

　　双目扫描仪需要标定的参数包括左右两个相机的内参矩阵 K，以及左右两个相机之间的旋转矩阵 R_c、平移向量 t_c。在实际标定的过程中，如图 6-75 所示，将标定板放置在测量平台上，机器人搭载双目扫描仪运动，从多个位置采集标定板图像，用于双目扫描仪内部双目相机的标定。

图 6-74　双目扫描仪

图 6-75　双目扫描仪标定实验

　　双目相机采集得到的图像如图 6-76 所示，计算标定板中格子的交点作为对应的特征点，其中某次通过双目相机标定方法获得的标定结果见表 6-4。

图 6-76　双目相机采集的标定图像

表 6-4　标定结果

标定参数	相机 1		相机 2	
相机内部参数	$\begin{pmatrix} 3751.246 & 0 & 1288.280 \\ 0 & 3752.178 & 1017.075 \\ 0 & 0 & 1 \end{pmatrix}$		$\begin{pmatrix} 3789.697 & 0 & 1285.969 \\ 0 & 3789.255 & 1035.138 \\ 0 & 0 & 1 \end{pmatrix}$	
畸变参数	$(-0.082, 0.416, 0, 0, 0)$		$(-0.061, 0.165, 0, 0, 0)$	
相机外部参数	$\begin{pmatrix} 0.884 & 6.36\times10^{-5} & -0.466 & -272.375 \\ -7.42\times10^{-4} & 0.999 & -1.27\times10^{-3} & 1.467 \\ 0.466 & 1.46\times10^{-3} & 0.884 & 64.003 \\ 0 & 0 & 0 & 1 \end{pmatrix}$			

机器人自动化测量需要利用机器人 6 个关节角度信息，以及扫描仪—机器人末端法兰坐标系之间的手眼标定关系，下面介绍如何利用标准球进行手眼标定。如图 6-77 所示，通过工业机器人搭载双目扫描仪在多个位置采集标准球阵的点云数据，并记录机器人的关节参数，从而计算机器人基坐标系到末端法兰盘坐标系的变换关系。标准球阵放置在测量平台上，由尺寸分别为 50.8009mm、38.1011mm 和 38.1029mm 的 3 个球组成，标准球阵作为待测物体。坐标系建立方法如图 6-78 所示，两个小球中心连线方向作为 x 轴，3 个球球心确定的平面的垂线方向作为 y 轴，并根据右手法则确定 z 轴。

图 6-77　手眼标定实验

图 6-78　球阵坐标系

通过记录多次采集的机器人位置和双目扫描仪获取的待测物体坐标系关系，可以计算得到手眼矩阵：

$$ {}_{E}^{S}\boldsymbol{T} = \begin{pmatrix} 0.9739 & -0.2272 & 0.0034 & 338.2749 \\ 0.2271 & 0.9738 & -0.0070 & 858.3667 \\ -0.0017 & 0.0076 & 1.000 & 606.3127 \\ 0 & 0 & 0 & 1 \end{pmatrix} $$

6.6.2　测量点数据采集与精确融合

为了实现汽车白车身机器人自动化测量点数据的采集，首次采集时需要在汽车白车身及外部支承夹具上张贴摄影测量编码点及特征点，如图 6-79 所示。通过识别采集图像中的编码点及特征点，计算不同扫描位置处的测量数据到统一坐标系的转换关系，并将转换矩阵保存下来，后续可完成多次采集树的自动拼接。

图 6-79 白车身表面张贴的编码点和特征点

最终经过拼接融合的完整车身点云如图 6-80 所示，其中不同颜色的点云代表来自不同的扫描视角，共 192 片点云，最终扫描得到的白车身测点规模约为 3 亿。图 6-81 所示为汽车白车身局部测量点云。

图 6-80 汽车白车身完整测量点云

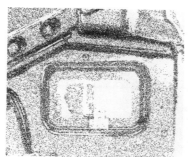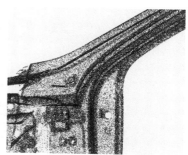

图 6-81 汽车白车身局部测量点云

在汽车白车身自动化扫描过程中，不可避免地存在同一区域在多个扫描视点范围内，导致同一区域被多次扫描，基于之前记录的坐标转换关系计算出来的测量点数据易出现测量点云层叠的现象，如图 6-82 所示。

图 6-82　汽车白车身前盖测量点云层叠现象

点云层叠会导致在后续轮廓误差分析时，计算得到的误差不仅包含制造误差，还包含由于转换关系不准确导致的拼接误差，不利于汽车曲面误差评估。针对上述问题，通过分析多片点云之间的层叠关系，对存在层叠的两片或者多片点云进行局部位置调整，再对重叠区域进行均匀降噪，主要包括点云全局融合和点云均匀精简。图 6-83 所示为经过上述处理后的点云效果。

图 6-83　经过全局融合和均匀精简的
汽车局部点云效果

6.6.3　曲面轮廓误差分析

汽车白车身整车点云规模大，进行整体误差分析的运算量较大，可以采用截面点云进行误差分析，构建指定位置的二维截面，如图 6-84 所示。提取截面附近点云，分析二维截面的偏差情况或提取指定区域点云构建局部特征，进行二维尺寸分析。图 6-85 所示为汽车白车身局部截面点云数据。

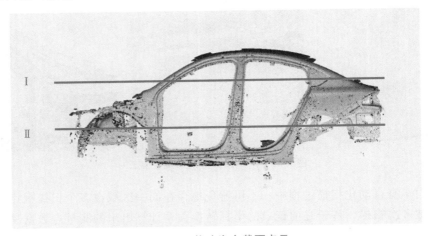

图 6-84　构建汽车截面点云

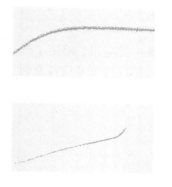  

图 6-85　汽车白车身局部截面点云数据

【项目总结】

本项目以汽车白车身为例，围绕汽车白车身机器人检测系统的参数标定、多视角测量数据融合以及曲面轮廓误差分析，搭建了一套汽车白车身双机器人检测系统。为保证系统测量精度，对系统使用的双目扫描仪进行了相机参数标定和机器人手眼参数标定；使用双机器人检测系统完成了汽车白车身整车测量点数据采集；最后基于采集的整车测量点数据提取截面测量点，完成了曲面轮廓误差分析。

本项目搭建的汽车白车身机器人检测系统能够快速实现汽车白车身机器人自动化扫描及曲面轮廓误差分析，为汽车白车身高效率非接触式检测保障提供了重要支撑。

项目6.7　汽车发动机曲轴轮廓测量与逆向建模

【知识目标】

1. 熟悉汽车发动机曲轴零件逆向建模的完整流程。
2. 熟悉多视角面结构光三维测量点数据的拼接原理。

【技能目标】

1. 能利用三维扫描仪、Geomagic 软件完成零件的三维扫描数据采集。
2. 能使用机器人进行示教操作，完成示教轨迹编程。
3. 熟练掌握点云处理软件 Geomagic 的基本使用方法。

【素养目标】

1. 了解逆向建模过程，能够独立操作扫描仪及数据处理软件，完成测量点数据获取及逆向建模。
2. 在与实际工业生产相一致的职业氛围中培养良好的职业道德、科学的工作方法及团队协作精神。

【项目背景】

逆向工程是指将实物样件转变为数字模型，在汽车造型研发中有着广泛应用，缩短了汽车产品的研发周期，是现代汽车造型研发过程中必不可缺的环节。本项目以汽车发动机曲轴为例（图 6-86），介绍如何利用三维视觉扫描设备及三维设计软件进行逆向建模。

图 6-86　某型号汽车发动机曲轴

【项目描述】

本项目以汽车发动机曲轴为例，介绍利用三维视觉测量技术实现逆向建模的完整过程。采用机器人和三维扫描仪完成了曲轴零件测量点数据的完整采集，采用 Geomagic 软件对采集的曲轴测量点数据进行点云精简、去噪等操作，最后对处理后的点云进行三角网格化，实现完整的逆向建模过程。

【项目准备】

通过工业机器人末端夹持三维扫描仪获取曲轴零件的三维点云数据，并对采集的点云进行数据处理，完成逆向建模。搭建的汽车发动机曲轴三维数据采集及逆向建模系统如图 6-87 所示。

汽车发动机曲轴
轮廓测量建模
项目演示视频

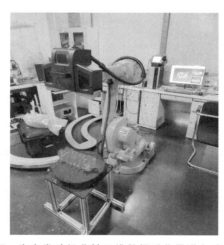

图 6-87　汽车发动机曲轴三维数据采集及逆向建模系统

【项目实施】

为了实现汽车发动机曲轴零件的逆向建模，首先需要获取零件的三维点云数据。本项目采用工业机器人与三维蓝光扫描仪相结合的方式，实现曲轴零件数据的快速采集。通过手动示教的方式，确定多个扫描仪的采集位置，编写对应的机器人程序，生成机器人扫描轨迹。

当机器人移动到设定的扫描位置后（图6-88和图6-89），触发三维扫描仪完成单个视角下的扫描数据采集，多个视角的扫描数据（图6-90和图6-91）基于公共的标志点进行拼接，最终形成完整的曲轴测量点数据。因此在扫描开始前，需要在曲轴零件上或者周围环境张贴一定数量的标志点，同时在设置扫描位姿时，需要考虑单个视角下的标志点的数量和位置。

图 6-88　曲轴零件采集视角（一）

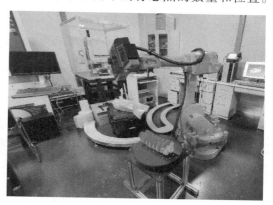

图 6-89　曲轴零件采集视角（二）

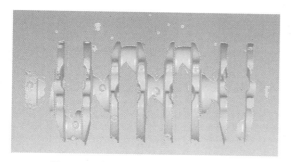

图 6-90　多个视角的扫描数据（一）

图 6-91　多个视角的扫描数据（二）

最终多视角拼接的完整曲轴测量点数据如图6-92所示。

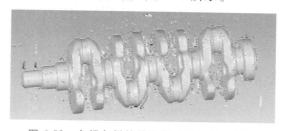

图 6-92　多视角拼接的完整曲轴测量点数据

汽车发动机曲轴
轮廓测量建模项
目曲轴点云数据

6.7.1　曲轴测量点预处理

多视角拼接采集的点云存在大量孤立点，并且通常数据规模比较大，在进行逆向建模之前，有必要对孤立点进行去除并完成点云精简。简单的孤立点去除方法：在 Geomagic 软件中通过框选的方式选中孤立点云并进行删除操作。图 6-93 和图 6-94 所示为删除孤立点前的曲轴点云对比图。

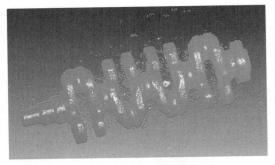

图 6-93　曲轴点云删除孤立点前

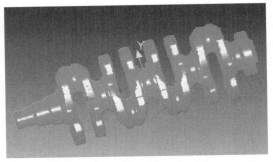

图 6-94　曲轴点云删除孤立点后

如图 6-95 所示，Geomagic 软件提供了多种点云精简方法，包括统一精简、曲率精简、栅格精简和随机精简。针对曲轴类零部件形状复杂、曲率变化大的特点，应采用曲率精简的方式对测量点云进行精简操作。图 6-96 所示为曲轴点云精简前后的对比效果。

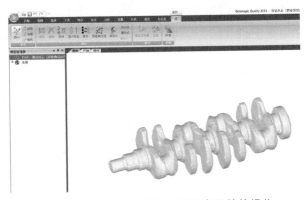

图 6-95　Geomagic 软件中进行点云精简操作

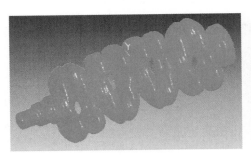

a) 精简前

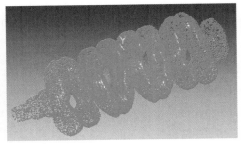

b) 精简后

图 6-96　曲轴点云精简前后对比效果

6.7.2　曲轴逆向建模

Geomagic 软件是一款专业、强大的 3D 扫描分析软件，除了具备基本的点云处理功能外，还能够帮助用户实现将 3D 扫描数据转换为逆向工程使用的 3D 模型，在工业制造、工程建筑和艺术考古等多个领域具有广泛的应用。本项目采用 Geomagic 软件对精简之后的点云进行逆向建模。

首先打开 Geomagic 软件，将精简之后的点云通过"导入"功能输入到软件中，输入后在软件的显示区域内可以看到曲轴点云，如图 6-97 所示。

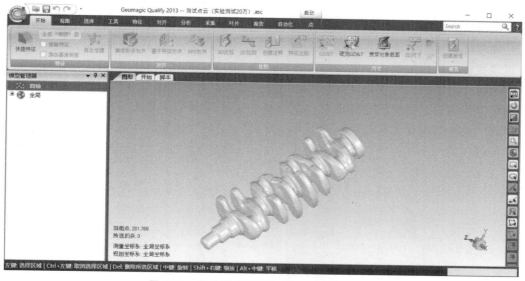

图 6-97　将曲轴点云输入到 Geomagic 软件

选择"点"选项卡→"封装"功能，即可对曲轴点云进行三角网格化操作。三角网格化后的曲轴模型如图 6-98 所示。

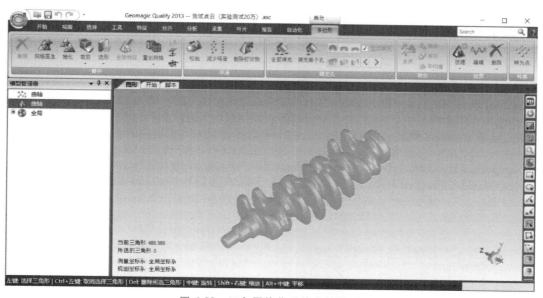

图 6-98　三角网格化后的曲轴模型

模型经过三角网格化之后，软件上端会多出"多边形"选项卡，可以结合实际情况对三角网格化后的模型进行相应处理，如填充单个孔等。模型处理完成之后，在软件左上角选择"另存为"功能，将模型存储为需要的格式。至此完成了模型的逆向建模，导出的模型可以直接用于产品分析、3D 打印等，也可以在三维建模软件（如 SolidWorks、UG NX 等）中进行进一步的精细重建。

【项目总结】

本项目以汽车发动机曲轴为例，介绍了利用三维视觉测量技术实现逆向建模的完整过程。逆向建模在现代工业制造领域有着广泛应用，通过逆向建模获取的实际三维模型在一些场合可以代替三坐标测量机实现零部件的快速尺寸检测，对零件的造型设计改进具有重要意义。本项目介绍了如何使用机器人与三维扫描仪结合，通过基于外部标志点的拼接方式，实现了曲轴零件测量点数据的完整采集；基于 Geomagic 软件对采集的曲轴测量点数据进行了点云精简、去噪等操作，最后对精简后的点云进行三角网格化，实现了完整的逆向建模过程。此流程还适用于各类航空、航天及汽车等领域的零部件逆向建模过程。

实操训练篇

模块 7
PROJECT 7

项目实操

项目 7.1　汽车减速器齿轮滚针漏装检测

【项目描述】

本项目结合待检测齿轮尺寸参数信息，选择合适的相机、镜头及光源等硬件设备，搭建专用的齿轮滚针漏装视觉检测系统。齿轮滚针漏装检测涉及图像预处理、图案匹配等算法，需要针对获取的齿轮图像制订合理的检测流程，完成齿轮内滚针的数量统计及漏装检测分析。待检测齿轮实物图如图 7-1 所示，其参数见表 7-1。

图 7-1　待检测齿轮实物图

表 7-1　待检测齿轮参数

序号	名称	参数
1	工件外形尺寸	$\phi 85mm$
2	滚针数量	25
3	滚针直径	$\phi 5mm$
4	视觉检测节拍	100ms

【项目要求】

1. 选择合适型号的相机和镜头，搭建齿轮滚针漏装视觉检测系统。

2. 为搭建的视觉检测系统选择合适的光源。

3. 针对采集的齿轮图像，制订合理的检测流程，实现齿轮滚针漏装检测。

本项目硬件选型时应注意以下问题：

1）选择相机、镜头时需要考虑待检测对象的尺寸信息，相机的测量范围应能够覆盖整个齿轮。

2）光源选型应考虑工件表面反光情况，通过引入光源使被测特征和周围背景区有明显区分。图7-2所示为引入光源后采集的齿轮图像。

3）光源初步选定后，调整工件在相机视野中的位置，采集的图像应仍能凸显被测特征。

图7-2　引入光源后采集的齿轮图像

【参考设计思路】

为了凸显图像中的被测特征，通常需要在导入图像后对图像进行预处理。

齿轮滚针漏装检测时需要用到找圆特征进行图像处理，通过特征匹配识别滚针，统计滚针数量以判断是否存在滚针缺失情况。

齿轮滚针正常和异常情况检测结果分别如图7-3和图7-4所示。

图7-3　正常齿轮滚针检测结果

图7-4　齿轮滚针漏装情况检测结果

项目7.2　汽车发动机曲轴偏差分析与逆向建模

【项目描述】

基于三维点云进行零部件三维偏差分析和尺寸计算在现代工业场景具有广泛应用，尤其在汽车制造领域，使用三维点云可以完成汽车零部件或整车的逆向建模。本项目通过对常见的点云处理流程进行设计和数据分析，实现对曲轴点云噪点去除、点云精简、误差分析和逆向建模等。

汽车发动机曲轴零件实物图如图 7-5 所示，通过三维扫描方法获取的原始曲轴三维测量点云如图 7-6 所示。

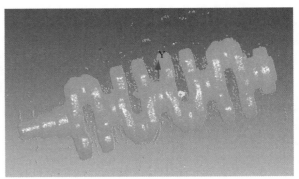

图 7-5　汽车发动机曲轴零件实物图　　　　　图 7-6　原始曲轴三维测量点云

【项目要求】

1. 使用三维测量点数据处理软件对曲轴原始测量点云进行噪点去除。
2. 使用三维测量点数据处理软件测试不同点云精简方法在细节上的差别。
3. 使用三维测量点数据处理软件将精简后的曲轴点云转化为网格模型。

【参考设计思路】

在三维测量点数据处理软件中通过框选和删除方式去除多余噪点后的曲轴点云如图 7-7 所示。

原始点云通常数据规模巨大，数据处理时间长，需要对测量点云进行精简，常见的点云精简方法包括随机精简、均匀精简、栅格精简和曲率精简等，图 7-8 所示为精简后的曲轴点云。

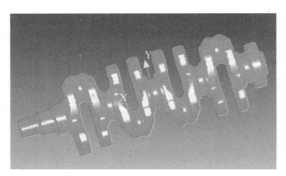
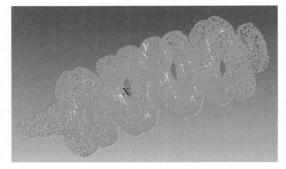

图 7-7　去除噪点后的曲轴点云　　　　　　　图 7-8　精简后的曲轴点云

通过将曲轴测量点云与设计模型进行三维配准，能够将测量点云与设计模型进行坐标系对齐，进一步可以通过 3D 比较的方式计算零件轮廓偏差情况。图 7-9 所示为曲轴测量点云与设计模型三维匹配的过程，图 7-10 所示为基于测量点云进行零件偏差计算的结果。

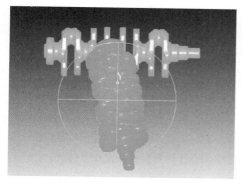 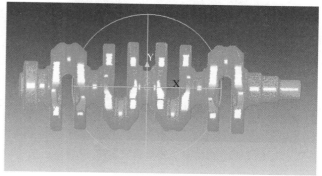

图 7-9　曲轴测量点云与设计模型三维匹配

三维测量点云还可以用来生成标准的网格模型，也被称为逆向建模，图 7-11 所示为逆向建模结果。

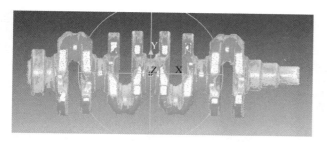 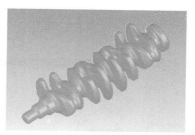

图 7-10　曲轴三维偏差计算结果　　　　　图 7-11　汽车曲轴逆向建模结果

项目 7.3　T 形零件视觉定位与尺寸测量

【项目描述】

零件视觉定位与尺寸测量在工业场景中应用广泛。本项目通过彩色相机对 T 形零件进行颜色识别、视觉定位与尺寸测量，涉及图像处理中的图像预处理、图像匹配和图像特征提取等算法，需要编制合理的 T 形零件检测流程，完成 T 形零件的颜色识别、视觉定位以及尺寸测量。

待检测 T 形零件实物图如图 7-12 所示，零件整体呈绿色，需要检测的尺寸参数如图 7-13 所示，包括 T 形零件的长、宽参数以及两中心定位孔的孔间距。

【项目要求】

1. 选择合适型号的相机、镜头和光源，搭建 T 形零件视觉定位与尺寸检测系统。
2. 制订合理的检测流程，实现 T 形零件颜色识别及尺寸测量。

 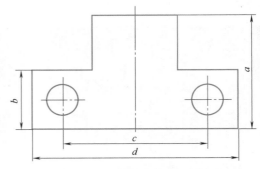

图 7-12　待检测 T 形零件实物图　　　　图 7-13　T 形零件待检测尺寸参数

【参考设计思路】

为了更准确地检测被测物的颜色信息，可以对相机采集的原始图像进行白平衡处理。

图像定位，将彩色图转换为灰度图，如图 7-14 所示。

通过定位工具实现被测零件的定位，防止零件位置改变导致检测流程无法运行，如图 7-15 所示。

 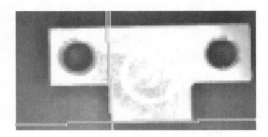

图 7-14　T 形零件灰度图像　　　　　　图 7-15　T 形零件定位

T 形零件尺寸测量需要参考图 7-13 所示的尺寸检测要求，从图形中提取角点、直线和圆等特征，通过构建计算特征间的几何关系，实现尺寸的精确测量。

项目 7.4　电子键盘瑕疵检测

【项目描述】

本项目要求检测出电子键盘按键和按键板上的印制多墨（粗线）、涂抹、漏印、颜色不一致和毛刺等瑕疵。结合待检测键盘的特征大小、瑕疵尺寸与背景对比情况，选择合适的相机、镜头及光源等硬件设备，搭建专用的电子键盘视觉检测系统。电子键盘瑕疵检测涉及图像预处理、多个检测位置特征匹配等算法，需要针对获取的电子键盘图像制订合理的检测流程，完成电子键盘要求的瑕疵检测。

引入光源后采集的电子键盘图像如图 7-16 所示。

【项目要求】

1. 选择合适型号的相机和镜头，搭建电子键盘视觉检测系统。

2. 为搭建的视觉检测系统选择合适的光源。

3. 针对采集的电子键盘图像，制订合理的检测流程，实现电子键盘瑕疵检测。

【参考设计思路】

为了凸显图像中的被测特征，检测流程中通常需要在图像导入后进行预处理。

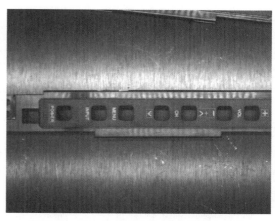

图 7-16　引入光源后采集的电子键盘图像

电子键盘瑕疵检测时需要利用多图案匹配及灰度值对比等算法实现相应的瑕疵检测。

合格的电子键盘如图 7-17 所示，产品重印不良如图 7-18 所示，产品漏印如图 7-19 所示，产品多印如图 7-20 所示。

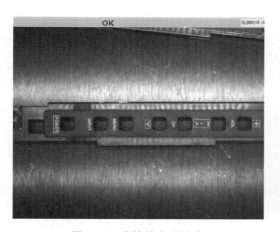

图 7-17　合格的电子键盘

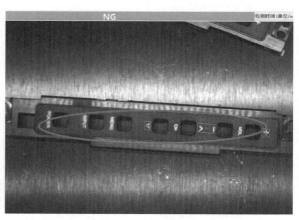

图 7-18　产品重印不良

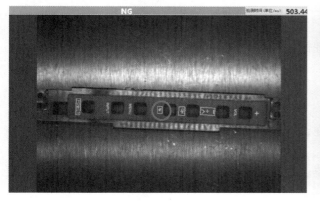

图 7-19　产品漏印

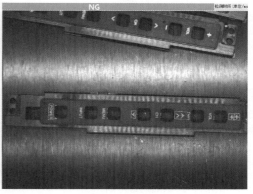

图 7-20　产品多印

项目7.5 锂电池顶盖焊缝视觉检测

【项目描述】

本项目结合待检测焊缝的宽度尺寸及精度要求，选择合适的三维相机，设计合适的机构等硬件设备，搭建专用的三维焊缝检测系统，顶盖焊缝检测涉及图像预处理、高度计算等算法，需要针对获取的焊缝图像制订合理的检测流程，完成顶盖焊缝外观的检测分析。

待检测锂电池实物图如图7-21所示。待检测锂电池焊缝信息见表7-2。

图7-21 待检测锂电池实物图

表7-2 待检测锂电池焊缝信息

序号	名称	参数
1	宽度	1.5mm
2	气孔	0.3mm
3	飞溅	0.3mm
4	超高	0.2mm
5	视觉检测节拍	5.3s

图7-22所示为搭建的锂电池三维焊缝检测系统。

【项目要求】

1. 选择合适型号的三维相机及合理的运动机构设计，搭建焊缝的视觉检测系统。

2. 为搭建的视觉检测系统设定合适的运行速度、合理的检测路径等。

3. 针对采集的焊缝图像，制订合理的检测流程，实现焊缝外观检测。

图7-22 锂电池三维焊缝检测系统

【参考设计思路】

为了更好地进行焊缝的外观检测，在设备运行过程中，需要对拍摄角度进行精准的轨迹示教。

对焊缝进行外观检测时涉及匹配定位、边缘搜索、铆钉点设定以及融合器调配等，以便完成整个外观的分析判定。

焊缝检测正常和异常的情况分别如图7-23和图7-24所示。

图 7-23　焊缝检测正常情况

图 7-24　焊缝检测异常情况（出现气孔不良）

项目 7.6　发动机整机视觉检测

【项目描述】

发动机整机视觉检测系统可实现 MC/MT 系列发动机（各型号发动机信息见表 7-3）的视觉检测，主要检测发动机与整车连接管路是否错装或漏装，喷漆是否均匀或遗漏，防护堵盖是否缺失以及拍照存档情况等。视觉检测系统位于 MC 系列发动机后装输送线末端工位。如图 7-25 所示，搭建的发动机视觉检测系统由机器人、视觉系统和电控系统等主要部分组成，由机器人带动相机运动，并通过 AI 技术实现发动机多个位置零部件的不同需求检测。

表 7-3　发动机机型及其对应信息

型号	MC09 柴油机		MC11 柴油机	
	C7 机型	T7 机型	C7 机型	T7 机型
尺寸/mm	1356×854×1136	1356×1009×1215	1510×800×1103	1510×1018×1230
重量/kg	870		975	
型号	MC13 柴油机		MT13 气体机	
	C7 机型	T7 机型		
尺寸/mm	1510×800×1103	1510×1018×1230	1510×842×1216	
重量/kg	975		1030	

【项目要求】

1. 选择合适型号的相机镜头、光源，搭建发动机整机视觉检测系统。
2. 设置同一个发动机多个错装或漏装检测位置。
3. 通过机械手带动相机对每一个检测位置分别进行检测。

4. 将每一个检测位置的图片输入 AI 软件中进行训练。

5. 利用经过训练的 AI 软件对生产现场采集的图像进行实时检测。

【参考设计思路】

通过机器人带动相机移动，实现对单个发动机多个位置的图像采集。

使用 AI 视觉检测技术分别对不同位置的正确零部件图片进行识别训练。

实时检测发动机，检测零件是否存在漏装、错装的情况。

通过不断测试完善训练图库，提高检测的准确率。

单个位置的检测如图 7-26 和图 7-27 所示。

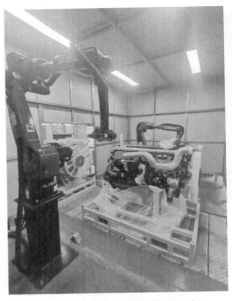

图 7-25　发动机视觉检测系统

图 7-26　T7 环形接头检测

图 7-27　C7 软管接头检测

项目7.7　发动机缸体 3D 视觉引导机器人抓取

【项目描述】

在发动机生产装配过程中，缸体是重要零部件的载体。本项目通过机器人搭配 3D 相机实现托盘上缸体自动上线功能（包括缸体定位抓取、塑料托盘定位抓取以及读码等环节）；相机安装在机械手上可以实现多工件小视野的高精度定位，保证 3D 相机稳定可靠地对缸体定位。本项目涉及 3D 相机的选型、图像处理、手眼标定和 3D 图案匹配等，合理的相机选型及程序处理是 3D 定位抓取的关键。

发动机缸体实物图如图 7-28 所示，各型号缸盖参数见表 7-4。

图 7-28　发动机缸体实物图

表 7-4　各型号缸盖参数

缸体型号	MC09	MC11	MC13
缸体尺寸 /mm	1120×452×558	1180×468×558	1100×447×558
重量/kg	210	235	227
材质	铸铁		
塑料托盘尺寸 /mm	1210×1010×105	1230×1050×105	1210×1120×105
塑料托盘颜色	黑色		

【项目要求】

1. 选择合适的 3D 相机，兼容缸体定位抓取和塑料托盘定位抓取。
2. 选择合适的 2D 相机及光源，实现稳定读取二维码。
3. 针对采集的 3D 图像，制订合理的缸体定位抓取和塑料托盘定位抓取流程。

【参考设计思路】

通过合理的打光，采用 2D 相机的读码功能实现二维码读取。

通过软件对 3D 图像进行预处理和缸体定位，通过观察缸体上共有的特征点创建抓取模板，如图 7-29 所示。

塑料托盘是黑色的，在采集图像时要考虑托盘和缸体的采集图像在同一曝光环境中的效果是否可以兼容；不兼容时，需要针对不同的待抓取对象设置不同的曝光程度，根据需要拍照的对象设置相应的曝光参数。图 7-30 所示为缸体 3D 视觉定位。

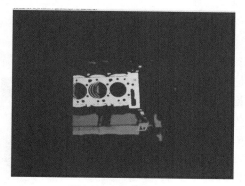

图 7-29　缸体 3D 图

图 7-30　缸体 3D 视觉定位

项目7.8　产品二维码与字符视觉识别

【项目描述】

二维码、字符和条形码等图像提供了产品的信息，在工业生产和日常生活中存在大量应用，通过对采集的二维码图像进行识别，获取二维码对应的信息，相关应用已很成熟。本项目要求用视觉系统完成待测物体在不同角度下的信息提取。

需确认方向的条码及字符识别图如图 7-31 所示。

【项目要求】

1. 选择合适型号的相机和镜头，搭建条码及字符视觉检测系统。

2. 基于图像中的"COGNEX"字符完成视觉定位，识别图像中的二维码和其他字符。

【参考设计思路】

在康耐视 insight 软件中添加仿真相机（相机型号采用 7400 颜色类型），新建作业，单击"设置图像"，然后在左下角选择"从 PC 加载图像"；在

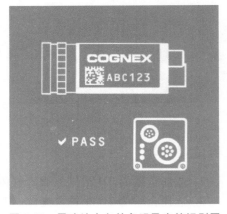

图 7-31　需确认方向的条码及字符识别图

"回放"选项里导入图片，单击"定位部件"，选择"patmax 图案"定位工具，以"cognex"为定位特征，然后单击"检查部件"，选择"产品识别工具"中的"读取文本"工具；将字符信息读取出来，然后换成另一个方向的图片之后也能成功定位，并且可以识别字符信息。

项目 7.9　工件尺寸及安装缺陷检测

【项目描述】

在工件的安装过程中可能会产生尺寸缺陷及安装位置缺陷。本项目旨在找到尺寸缺陷及圆心偏离缺陷，同时给出工件是否符合要求的结论。选择合适型号的相机和镜头，搭建工件安装缺陷视觉检测系统，工件安装及尺寸缺陷如图 7-32 所示。

图 7-32 中间黑色齿轮外边框的半径在 $R34 \sim R35mm$ 为正常，检测出所有备选图的尺寸是否符合要求。对于偏离圆心的安装工件，找到并给出圆心偏离的结果，最后给出整个工件是否合格的结论。

图 7-32　工件安装及尺寸缺陷

【项目要求】

掌握视觉检测软件中尺寸缺陷和安装位置缺陷检测工具的选择及相应工具的使用方法。

【参考设计思路】

在康耐视 insight 软件视觉检测工具箱中找到合适的半径检测工具，完成工件尺寸的检测，并给出工件是否合格的结论。

在康耐视 insight 软件视觉检测工具箱中找到合适的圆心偏离检测工具，完成工件的安装缺陷检测工作，并给出安装位置是否合格的结论。

项目 7.10 直线式运动实验平台——电容字符检测

【项目描述】

直线式运动实验平台由成像单元、运动机构单元、电控单元和图像处理单元组成，主要完成工件在直线往返运动过程中的产品尺寸测量、缺陷检测、二维码识别、光学字符识别（OCR）及产品计数等视觉检测实训。机器视觉系统标配面阵相机、定焦镜头、环形光源和数字型光源控制器等，可完成工件的静拍或飞拍检测。直线式运动实验平台如图 7-33 所示。

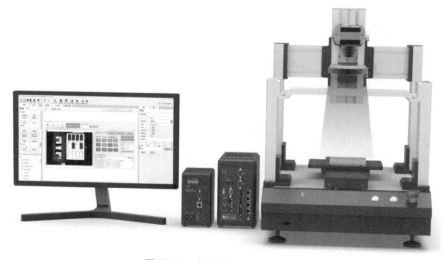

图 7-33　直线式运动实验平台

本项目针对电子元器件——直插电容进行检测，读取直插电容上的字符。由于直插电容表面为曲面且反光，为了将字符特征均匀展现，需要设计光源照明方案，以达到能进行软件图像处理的成像效果。直插电容如图 7-34 所示。

【项目要求】

1. 将工件的表面字符特征均匀展现并消除表面反光，采集清晰的字符。
2. 利用视觉检测软件中的字符识别相关算法实现字符的读取。

【参考设计思路】

为了凸显元器件上的字符，消除表面反光，可采用低角度打光方式。

由于元器件放置时存在偏差及字符位置存在差异，需要对元器件进行视觉定位处理。

根据定位信息，找到字符所在位置，通过视觉检测软件对字符进行读取。视觉检测软件读取效果如图 7-35 所示。

图 7-34 直插电容

内容：SK85°C01/21A3TD

图 7-35 视觉检测软件读取效果

项目 7.11 转盘式运动实验平台——瓶盖检测

【项目描述】

转盘式运动实验平台由成像单元、运动机构单元、电控单元和图像处理单元组成，主要完成工件在旋转运动过程中产品分类、定位、计数和字符识别等视觉检测实训。转盘式运动实验平台如图 7-36 所示。

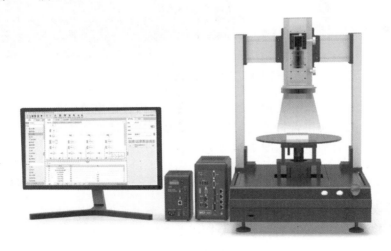

图 7-36 转盘式运动实验平台

产品表面的缺陷极有可能影响产品的整体外观和性能，因此表面缺陷检测是许多产品生产过程中不可或缺的一部分。本项目针对食品行业中的饮料瓶盖表面进行视觉检测，剔除瓶盖破损、印刷字符不良以及瓶盖歪斜等不良品，采用平台运动控制机构配合机器视觉检测系统，实现稳定、连续、可靠的产品检测。饮料瓶盖如图 7-37 所示。

【项目要求】

　　1. 熟练掌握机器视觉检测系统的安装与调试。

　　2. 掌握打光方案的设计和 Blob 分析算法设置。

　　3. 显示检测结果数据及输出应用。

【参考设计思路】

　　由于瓶盖种类、颜色差异较大，选择合理的打光方式或者通过切换组合光源中不同光源的颜色，实现打光效果。

　　需要根据瓶盖的种类制作多个检测程序或检测单元，并根据需要检测的瓶盖提前切换对应的视觉检测程序进行检测。

　　所有瓶盖的特征点都是圆形，通过圆的外形进行定位，对瓶盖表面的图案及字符进行检测。瓶盖检测效果图如图 7-38 所示。

图 7-37　饮料瓶盖

图 7-38　瓶盖检测效果图

参 考 文 献

[1] 李伟，李峰，崔连涛，等. 一种基于 3-RPS 并联机构的六自由度并串混联机器人的机构设计 [J].
装备制造技术，2020（07）：30-34.

[2] 李文龙，李中伟，毛金城. iPoint 3D 曲面检测软件开发与工程应用综述 [J]. 机械工程学报，2020，
56（07）：127-150.

[3] 李文龙，谢核，尹周平，等. 机器人加工几何误差建模研究：I 空间运动链与误差传递 [J]. 机械
工程学报，2021，57（7）：154-184.

[4] 李文龙，李中伟，毛金城，等. 核主泵复杂零件机器人在位自动光学检测系统开发 [J]. 机械工程
学报，2020，56（13）：179-191.

[5] 广东奥普特科技股份有限公司. 12mm 定焦机器视觉镜头：201510544242.1 [P]. 2015-08-31.

[6] WANG G, LI W L, JIANG C, et al. Simultaneous calibration of multicoordinates for a dual-robot system by
solving the AXB = YCZ problem [J]. IEEE Transactions on Robotics, 2021, 37（4）：1172-1185.

[7] WANG G, LI W L, JIANG C, et al. Trajectory planning and optimization for robotic machining based on
measurement point cloud [J]. IEEE Transactions on Robotics, 2022, 38（3）：1621-1637.

[8] LI W L, XIE H, ZHANG G, et al. 3-D shape matching of a blade surface in robotic grinding applications
[J]. IEEE/ASME Transactions on Mechatronics, 2016, 21（5）：2294-2306.

[9] LI W L, XIE H, ZHANG G, et al. Adaptive bilateral smoothing for point-sampled blade surface [J].
IEEE/ASME Transactions on Mechatronics, 2016, 21（6）：2805-2816.

[10] XIE H, LI W L, YIN Z P, et al. Variance-minimization iterative matching method for free-form surface
[J]. IEEE Transactions on Automation Science and Engineering, 2019, 16（3），1181-1204.

[11] YANG W, YANG B, JIANG C, et al. A novel path generation method for robotic measurement with local
pruning and collision-free adjustment [J]. Measurement Science and Technology, 2024, 35：015016.

[12] CHENG Y Q, LI W L, JIANG C, et al. A novel cooling hole inspection method for turbine blade using 3D
reconstruction of stereo vision [J]. Measurement Science and Technology, 2022, 33：015018.

[13] Asifullah Khan, Anabia Sohail, Umme Zahoora, et al. A survey of the recent architectures of deep convo-
lutional neural networks [J]. 2020, 53（8）：5455-5516.

[14] LI L, OUYANG W L, WANG X G, et al. Deep learning for generic object detection：A Survey [J]. In-
ternational Journal of Computer Vision, 2020, 128（2）：261-318.

[15] Sahin Caner, Garcia-Hernando, Guillermo, et al. A review on object pose recovery：From 3D bounding
box detectors to full 6D pose estimators [J]. Image and Vision Computing, 2020, 96：103898.